凤凰含章

U0950171

用 心 创 造 现 代 阅 读 之 美

跟着视频轻松
做饼干

蝶儿——主编

江苏凤凰科学技术出版社·南京

图书在版编目（CIP）数据

跟着视频轻松做饼干 / 蝶儿主编. -- 南京：江苏凤凰科学技术出版社, 2025. 9. -- ISBN 978-7-5713-5268-4

Ⅰ. TS213.22

中国国家版本馆CIP数据核字第2025GT3313号

跟着视频轻松做饼干

主　　编	蝶　儿
责任编辑	陈　艺　杨睿智
责任设计	蒋佳佳
责任校对	罗章莉
责任监制	方　晨
出版发行	江苏凤凰科学技术出版社
出版社地址	南京市湖南路 1 号 A 楼，邮编：210009
编读信箱	fhhzbook@163.com
出版社网址	http://www.pspress.cn
印　　刷	天津丰富彩艺印刷有限公司
开　　本	718 mm × 1 000 mm　1/16
印　　张	13
插　　页	1
字　　数	250 000
版　　次	2025年9月第1版
印　　次	2025年9月第1次印刷
标准书号	ISBN 978-7-5713-5268-4
定　　价	58.00元

前言

在当今这个快节奏的时代，生活仿佛在不断加速，我们每天穿梭在高楼林立的都市里，忙碌于工作与家庭的双重角色之中，偶尔的闲暇时光也显得尤其珍贵。在这样的背景下，寻找一份简单而纯粹的乐趣，成了许多人心灵的慰藉。烘焙，这门融合了艺术与科学的甜蜜魔法，以其独特的魅力，悄然走进千家万户，成为现代人放松心情、享受生活的最佳方式之一。

本书正是为这样一群满怀生活热情、不懈追求品质生活的人量身打造的。它不仅仅是一本烘焙指导书，更像一位耐心的老师、一位亲密的朋友，陪伴你在厨房的小天地里，用最质朴的材料创造出美味与幸福。

在烘焙的世界里，饼干属于入门级的点心，它以多变的口味、丰富的造型和简单易学的制作过程，成为许多人初尝烘焙乐趣的首选。饼干或酥脆可口，或酥软香甜，每一口都是对味蕾的温柔抚慰。你是否曾有过这样的困扰：面对网上纷繁复杂的食谱，却无从下手；按照步骤操作，结果却不尽如人意？别担心，本书将为你解决这些难题。

本书精选了113款经典与创意并存的饼干配方，从基础的苏打饼干、牛奶饼干，到创意无限的圣诞树饼干、四色棋格饼干，每一款都经过精心挑选与反复测试，而且每一款饼干的制作都有详尽的步骤说明，确保你在家中也能轻松复刻出令人惊艳的美味。

更重要的是，书中部分食谱还配有高清视频教程，扫一扫二维码，就能让你仿佛置身于专业烘焙师的身旁，每一个细节都清晰可见，每一步操作都了然于胸。通过直观的视频演示，你可以清晰地看到面团的揉制、饼干的塑形、烤箱的温度控制等关键环节，避免了文字描述可能带来的误解与困惑。无论是烘焙新手还是有一定基础的烘焙人，都能在观看视频的过程中迅速掌握烘焙技巧，提升烘焙技能。

我们相信，烘焙不仅仅是为了制作出美味的食物，更是一种生活的态度和方式。不需要复杂的工具，也没有烦琐的步骤，只需跟随本书一步步操作，就能在享受烹饪乐趣的同时，感受到食材在指尖变化成型的奇妙过程。当饼干出炉，那份诱人的色泽、香甜四溢的气息，定会让你忘却所有的烦恼与疲惫，沉醉在烘焙带来的幸福感之中。

让我们一起，用最简单的材料，创造出最纯粹的快乐，让烘焙成为生活中不可或缺的一部分吧！

目录

第一章 饼干制作基础入门

第二章 简单易学的切割饼干

第三章

口感丰富的塑形饼干

第四章

花样繁多的压模饼干

第五章

随意造型的挤花饼干

第六章 自由创意的造型饼干

第七章 香脆可口的薄片饼干

第一章

饼干制作基础入门

想自己动手制作饼干却不知从何下手？别再烦恼了！只要认真阅读本章内容，你就会发现，制作饼干原来如此简单！

饼干制作常用工具

01

烤箱

烤箱一般用来烤制饼干、面包等食物，它是一种密封的电器，同时也具备烘干的作用。

02

电子秤

准确称量材料的用量，是烘焙成功的第一步，因此电子秤是饼干制作中非常重要的工具。

03

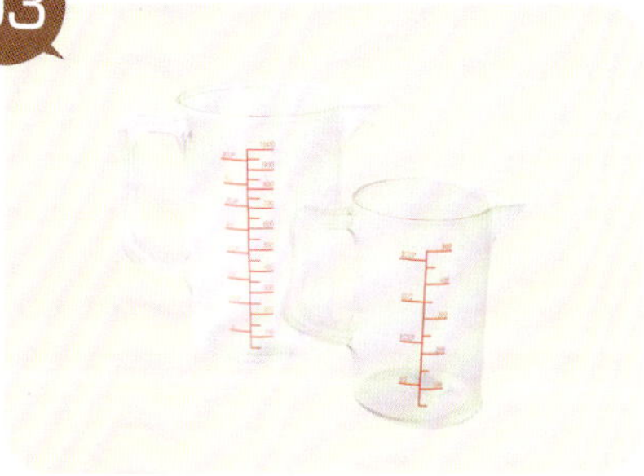

量杯

量杯的杯壁上一般都有容量标识，可以用来量取液体材料，如水、牛奶等。要注意读数时的刻度，量取时还要恰当地选择适合的量程。

04

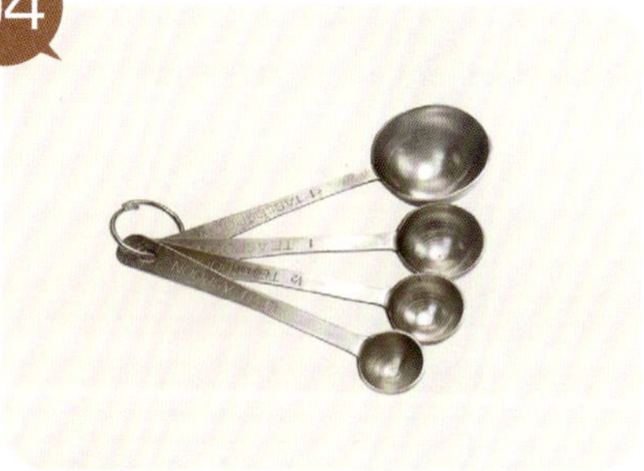

量勺

量勺通常是塑料或者不锈钢材质的，是圆形或椭圆形、带有小柄的一种浅勺，主要用来量取液体或细碎的物体。

05

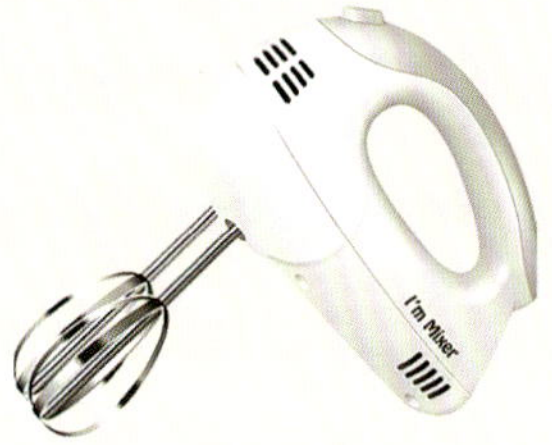

电动搅拌器

电动搅拌器包含一个电机身，配有打蛋头和搅面棒两种搅拌头。电动搅拌器可以使搅拌工作更加快速，能把材料搅拌得更加均匀。

06

长柄刮刀

长柄刮刀是一种软质、如刀状的工具，是饼干制作中不可缺少的利器。它的作用是将各种材料拌匀，同时它可以将紧紧贴在碗壁上的面糊刮得干干净净。

07

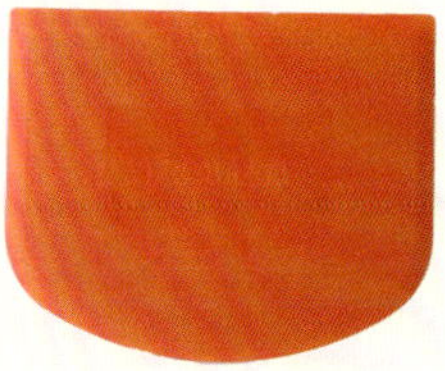

刮板

刮板通常为塑料材质，用于揉面时铲面板上的面或压拌材料，也可以用来把整好形的小面团移到烤盘上去，还可以用于鲜奶油的装饰整形。

08

蛋清分离器

蛋清分离器有不锈钢材质和塑料材质两种，是一种专门用来分离蛋清和蛋黄的器具。

09

玻璃碗

玻璃碗主要用来打发鸡蛋或搅拌面粉、糖、油和水等。制作饼干时，至少要准备两个玻璃碗。

10

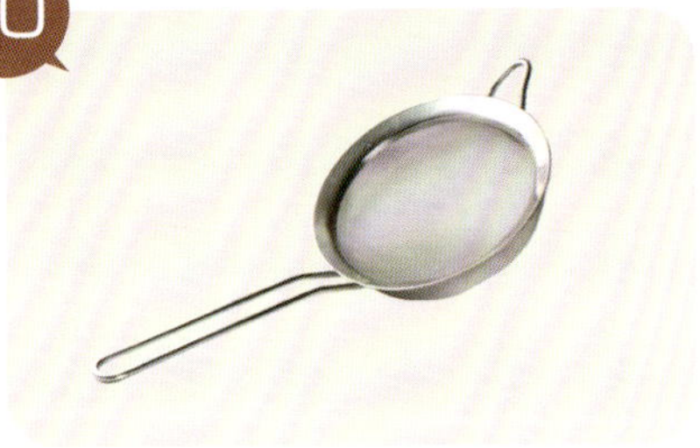

筛子

筛子一般为不锈钢材质，是用来过滤面粉的烘焙工具。它的底部呈漏网状，用于过滤面粉中的其他杂质。

11

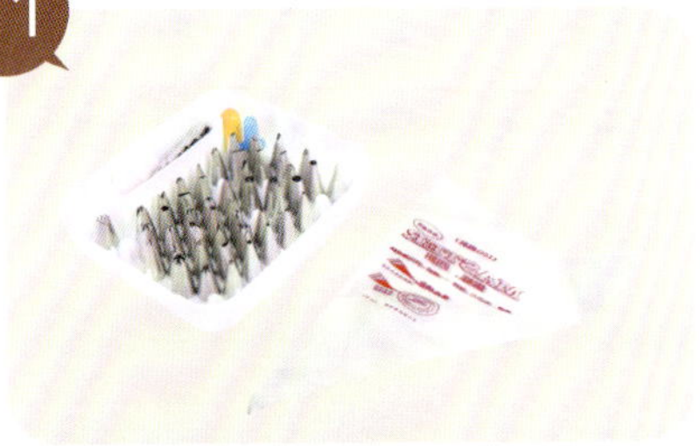

裱花袋、裱花嘴

裱花袋是呈三角形的塑料袋，裱花嘴是用于定型奶油形状的圆锥形工具。一般是裱花嘴与裱花袋配套使用，把奶油挤出花纹并定型在饼干上。

12

油刷

油刷长约 20 厘米，一般为硅胶材质，质地柔软有弹性，在烘焙中用于在模具表面均匀抹油。

13

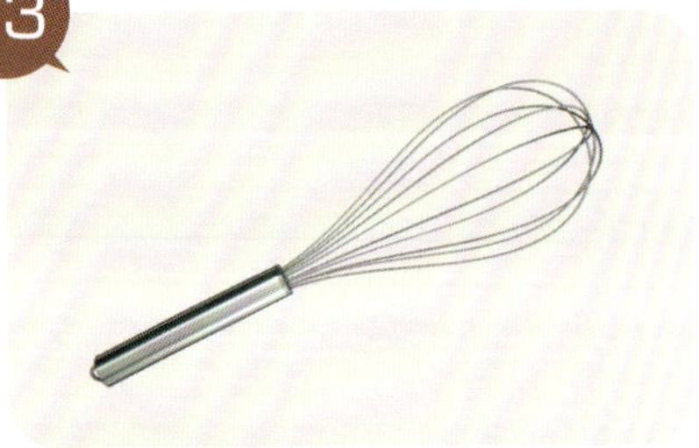

手动搅拌器

手动搅拌器是制作饼干时必不可少的工具之一，可以用于打发蛋清、黄油等，但使用时费时费力，适合用于材料混合搅拌等不费力气的步骤中。

14

擀面杖

擀面杖是一种古老的工具，多为木质，可以用来擀面条、擀饺子皮等。在制作饼干的过程中，擀面杖主要用于擀面团，也可以用其碾碎某些配料。

15

饼干模具

擀好面团后，可以用饼干模具将面团制作出各种造型，这样烘焙出来的饼干既可爱又漂亮。

16

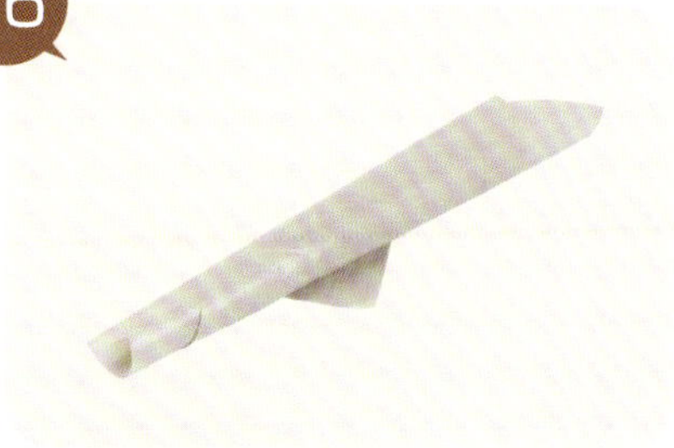

不粘油布

不粘油布表面光滑，不易黏附物质，并且耐高温，可以反复使用，烘焙饼干时垫于烤盘上，可防止材料粘底。

17

锡纸

锡纸多为银白色，实际上是铝箔纸。烘烤饼干时用锡纸将其包裹既可防止烤焦，还可以让饼干均匀受热，从而确保能够烤熟。

18

烘焙纸

烘焙纸用于烘烤饼干时垫在烤盘上，能够防止饼干坯粘在上面导致清洗困难，还可以保证饼干的干净卫生。

19

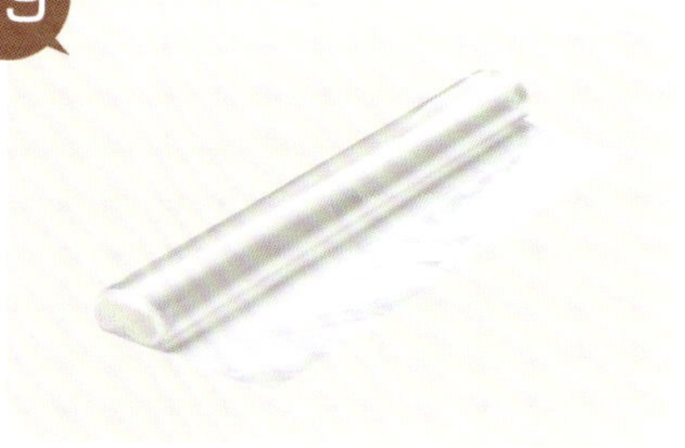

保鲜膜

在制作饼干时，保鲜膜多用于冷藏面团这一步骤。将面团裹上保鲜膜放入冰箱冷藏，可以起到保持湿度、防止污染和粘连的作用。

饼干制作基本材料

01

泡打粉

泡打粉作为膨松剂，一般由碱性材料配合其他酸性材料制成，可用来产生气泡，使饼干成品具有蓬松的口感。

02

苏打粉

苏打粉又称食物粉，俗称小苏打，在做饼干、馒头等面食时经常会用到。

03

低筋面粉

低筋面粉的蛋白质含量在8.5%左右，色泽偏白，颗粒较细，容易结块，适合制作饼干、蛋糕等。

04

奶粉

在制作饼干时，使用的奶粉通常都是无脂无糖奶粉。在制作饼干时加入一些奶粉，可以增加成品风味。

05

酵母

酵母是一种活的真菌，能够把糖发酵成酒精和二氧化碳，属于一种比较天然的发酵剂，能够使做出来的饼干口感松软、味道纯正。

06

糖粉

糖粉一般都是洁白的粉末状，颗粒极其细小，含有微量玉米粉，直接过滤以后的糖粉可以用来制作饼干、蛋糕等西点。

07

红糖

红糖又称为黑糖，有浓郁的焦香味。因为红糖容易结块，所以使用前要先过筛或者用水溶化。

08

细砂糖

细砂糖是经过提取和加工以后结晶颗粒较小的糖，可以用来增加饼干的甜味，还有助于保持材料的湿度、香气。

09

黄油

黄油是将牛奶中的稀奶油和脱脂乳分离后，使稀奶油成熟并经搅拌而成的。黄油一般应置于冰箱存放，打发前应在室温下软化。

10

片状酥油

片状酥油是一种浓缩的淡味奶酪，由水乳制成，色泽微黄，在制作时要先刨成丝，经高温烘烤就会化开。

11

牛奶

营养学家认为，在人类食物中，牛奶是营养成分最高的饮品之一。用牛奶代替水来和面，可以使面团更加松软、更具香味。

12

酸奶

酸奶是以新鲜的牛奶作为原料，经过有益菌发酵而成的，是一种很好的天然饼干添加剂。

13

淡奶油

淡奶油又叫动物淡奶油，是以牛奶为原料，经加工和提炼得到的，白色如牛奶状，但是比牛奶浓稠。淡奶油在打发前需要放入冰箱冷藏4小时以上。

14

植物油

制作饼干时用的植物油一定要是无色无味的，最好是用玉米油，不要使用花生油这类有浓郁味道的油。

饼干制作基础技能

01　鸡蛋分离

在烘焙中，我们会发现配方材料中常常有“蛋清”和“蛋黄”这样单独的材料。单用蛋清是因为它的凝聚力强，而蛋黄凝聚力差，且蛋黄含有的胆固醇高，一般较少使用。要注意的是，蛋清中不能混入一丝蛋黄，而蛋黄中可以带些许蛋清。另外，盛蛋清、蛋黄的碗中不能有任何油分和水分，否则将无法打发。

如何分离鸡蛋?

原始方法

● 将生鸡蛋中间在碗沿上一磕，一分为二；然后，把蛋黄从一半蛋壳倒到另一半蛋壳中，蛋清因为有粘连性，会自动下挂漏下去。如此几次，最后鸡蛋壳中就只剩下蛋黄了。

蛋清分离器

● 蛋清分离器在市面上有售，可利用此器将蛋黄和蛋清分离，其缺点是蛋黄容易与蛋清一同流进碗里。

瓶吸法

● 准备一个干净的空塑料瓶，然后捏紧瓶身（稍微倾斜）对准蛋黄后松开，蛋黄就能轻易地进入瓶子里面。

02 蛋清打发

尽量选用新鲜的鸡蛋来打发。如果鸡蛋不新鲜，蛋清的碱性重，就很难打发。为了中和蛋清的碱性，可以加入少许塔塔粉，使蛋清容易打发，并且更加稳定、不易消泡。倘若没有塔塔粉，也可使用白醋或柠檬汁代替。蛋清在 20℃左右的时候最容易打发，注意搅打蛋清的速度要从低速渐渐到中高速，如果一开始就高速搅打，打发的蛋白霜体积不够大，且因泡沫过大而不稳定。

蛋清打发时往往需要加入一定比例的细砂糖，一是添加甜味，二是加了糖打发的蛋白霜比较细腻且泡沫持久稳定。加入细砂糖要注意时机，过早加入会阻碍蛋清打发，过迟加入则会导致蛋清泡沫的稳定性差、不易打发，还会因此导致蛋清搅打过头。

搅打过程中要注意蛋清的变化：粗泡时蛋清液浑浊，细泡时蛋清渐渐凝固起来，开始有光泽，呈柔软绸缎状，提起搅拌器，有 2 ~ 3 厘米尖峰弯下。软性泡沫的蛋清很有光泽而且顺滑，提起搅拌器，蛋清尖峰还有些弯度。硬性泡沫的蛋清还有光泽，蛋清尖峰呈现坚挺状。到硬性泡沫阶段要格外注意，因为只要十多秒，蛋清就会因为搅打过头而无光泽了，而且会变成棉花状和结球状蛋清。出现这种情况时，可以试着添加蛋清进去打成硬性泡沫。

03 全蛋打发

和蛋清的打发相比，全蛋打发要困难得多，家用电动搅拌器的功率普遍不够高，所以耗时长，需要具有耐心。将鸡蛋从冰箱拿出来回温，然后打入蛋盆。取一个大一点的盆，在里面注入 40℃的热水，把蛋盆放进热水里隔水加热，并用电动搅拌器将全蛋打发。全蛋在 40℃的时候最容易打发，将蛋盆放在热水里会使蛋液的温度升高，有利于全蛋的打发，但是热水的温度不宜过高，如果温度太高反而不利于全蛋的打发。随着不断搅打，蛋液会渐渐产生稠密的泡沫，变得越来越浓稠。将全蛋打发至提起搅拌器，滴落下来的蛋糊不会马上消失，在盆里的蛋糊表面画出清晰的纹路时，说明已经打发好了。

04 奶油打发

在烘焙中，最常见的便是奶油的打发。鲜奶油的品种有很多，有专供烹饪用的，当然也有专供打发用的。

鲜奶油要在冷藏的状态下才可以打发，因此在打发鲜奶油之前，需将它冷藏 4 小时以上。注意，鲜奶油切忌冷冻保存，否则会出现水油分离的现象。打发鲜奶油时，在鲜奶油中加入细砂糖，使用电动搅拌器中速打发即可。

05 黄油打发

黄油只有在软化的状态才能打发。在不断搅打软化的黄油时，你会发现，黄油变得越来越蓬松，体积越变越大，状态也变得轻盈，这就是打发的黄油。黄油一般都储存在冷藏室中，它的状态比较坚硬，打发前需要在室温下放置一段时间，使其自然软化。要注意的是：千万不要将需要打发的黄油熔化成液体，液体状态下的黄油是无法打发的。黄油打发的流程如下。

首先，称量所需要的黄油，让它软化至手指能轻易戳一个窟窿的程度，加入细砂糖、糖粉或其他需要加入的粉状物质，然后用电动搅拌器低速搅打，直至黄油与材料完全混合。

其次，将电动搅拌器的速度调至高速，继续搅打，这时黄油的状态会渐渐变得蓬松、轻盈，体积微微变大，颜色也变浅了。

最后，黄油打发后，有些配方会要求加入鸡蛋，在黄油中加入鸡蛋也是很重要的一步。在鸡蛋的分量较多时，必须分次加入，每加入一次鸡蛋都要将黄油彻底搅打均匀，直到它们完全融合才可以再次加入。一般情况下，鸡蛋需分三次加入。当鸡蛋的分量少于黄油的 1/3 时，可以一次性将鸡蛋加入黄油里。

06 面粉过筛

在细网筛下面垫一张较厚的纸或直接筛在案板上。将面粉放入筛网连续筛两次，这样可让面粉蓬松，做出来的饼干品质也会比较好。加入其他干粉类材料时再筛一次，使所有材料都能充分混合在一起。如果是添加泡打粉之类的添加剂，则更需要与面粉一起过筛。例如，有些饼干需要很蓬松的面粉，过筛以后，面粉中的小疙瘩被打开，没有形成小疙瘩的面粉也被再次打开激活，变得更加蓬松，这样当面粉和蛋清、蛋黄混合以后可以更加蓬松，做出来的成品更加细腻、松软。

07 翻拌与搅拌

翻拌是用长柄刮刀从盆底捞起面糊，然后用炒菜的手法划拌。翻拌时千万不要打圈，这样拌匀的面糊基本不会消泡。越是小心地不敢去拌，越会延长拌匀时间，反而容易消泡。

搅拌一般就是把材料拌匀，需要顺时针打圈搅拌。

08 挑选家用烤箱

从实用的角度，选择一台基本功能齐全的家用型烤箱就完全可以满足需求。那么，烤箱需要具有哪些基本功能呢？烤箱内要有上下两组加热管，并且上下加热管可同时加热，也可以单开上火或者下火加热；内部最好带热循环风扇，这样烤箱内的温度会更加均衡；能调节温度，具有定时功能；烤箱内部至少分为两层（三层或以上更佳）。还需要注意一点，如果你对烤箱的使用不仅仅停留在烤吐司片、烤鸡翅等层面，而是希望能烤出各种丰富多彩的西点，就一定要购买一台容积在 30 升以上的烤箱。

饼干制作技巧

01 水分决定硬度

这里的水分指材料中包括蛋清、牛奶和其他液体都在内的水分，这些水分主要影响饼干的软硬度，可根据需要来调配水分的比例。

02 细砂糖决定脆感

细砂糖决定饼干的脆感，并能使面团不易松散。在曲奇饼干中糖的作用较为特殊，细砂糖和糖粉要共同存在，光用糖粉的曲奇纹路清晰，但口感不够酥脆；光用细砂糖的曲奇烘烤时会因完全舒展膨胀而导致花纹消失。所以，在曲奇的制作中同时使用细砂糖和糖粉可使面糊的延展性保持平衡。

03 油决定酥感

油的含量会直接影响到饼干的酥感，油的含量越多，饼干的口感就会越酥，但要注意的是，油量过多会导致面团不容易整形，影响制作，所以在制作面团的时候要注意控制油的比例。

04 糖油拌和法

糖油拌和法是取出黄油，经室温软化后，分次加入湿性材料，再加入干性材料。如果蛋液或其他液体分量很大时，则要少量多次地加入，并且要确保每次都充分混合均匀后再继续加，这样才能很好地避免造成油水分离现象。

05 粉油拌和法

粉油拌和法就是先将所有的干性材料混合均匀，再加入软化的黄油，用手搓至混合材料呈细米粒状，最后加入备好的液体材料搓匀。

06 粉类过筛后效果好

面粉吸湿性非常强，如果接触空气较长一段时间，面粉就会因吸附空气中的潮气而产生结块。这时，需要过筛才能去除结块，从而避免面粉在跟液体材料混合时出现小疙瘩。另外，过筛还能使面粉变得更蓬松，更容易跟其他材料混合，方便制作。在过筛的时候，可以将所有粉类都混合在一起倒入筛网内，过筛时一手持着筛网，另一手轻轻拍打筛网边缘，使粉类均匀地落到搅拌盆中。

07 材料恢复至室温更容易操作

制作饼干使用的材料中最常见的是黄油，而黄油通常都需要冷藏在冰箱中，取出时质地比较硬。因此，最好在开始制作饼干之前将黄油取出，使其恢复至室温，待黄油变得软一点再操作会比较容易，成品效果也会更好。鸡蛋也需要提前从冰箱取出，待其恢复至室温，再跟黄油等材料混合，这样会比较容易被吸收均匀、充分。奶油、奶酪等材料提前取出，使其在室温下放置半小时或一小时，恢复至室温，也可以使操作更加容易。

08 少量多次加蛋液可避免油水分离

材料一次加入搅拌似乎比较省事，但有些材料必须少量多次地与其他材料混合才更好。例如，在黄油和糖混合打发之后，要多次加入已经打散的蛋液，并且确保每次加入的蛋液都充分拌匀，被黄油吸收完全后再加入适量的蛋液继续拌匀。另外，因为鸡蛋含有很多水分，如果一次倒入所有的蛋液，会使得油脂和水分不容易结合，造成油水分离，导致搅和拌匀变得非常吃力。所以，材料分次加入才能更省事，才能做出真正的美味。

09 生坯的码放要有间隔

饼干在烘烤后体积会膨大一些，所以在烤盘中码放生坯时，要注意每个生坯之间留一些空隙，以免烤完后饼干边缘相互粘连在一起。而且，留有间隔可以使火候均匀，烘烤的效果也会更好。

10 生坯的大小要均匀

尽量做到每块生坯薄厚、大小相对均匀，这样在烘烤时，才能使烤出来的饼干色泽均匀，口感一致。不然，烤出来的成品可能会生熟不匀，口感糟糕。

11 烤箱要提前预热

在烘烤之前，一定要提前将温度旋钮调至需要的温度，再打开开关，使烤箱内部空烧一段时间。预热是为了使生坯进入烤箱时就能达到所需要的温度，从而获得更佳的烘焙效果。烤箱预热可以使饼干面团迅速定型，并且保持较好的口感。烤箱预热的时间需要根据烤箱的容积来调整，容积越大的烤箱需要预热的时间就越长，但大部分烤箱需要预热的时间都在 5 ~ 10 分钟。

给初学烘焙者的建议

01 | 完整阅读配方

在开始烘焙之前要慢慢地、仔细地阅读整个配方，包括制作的方式、配料、工具和步骤，可以读 2 ~ 3 遍，确保每一点都很清晰。因为烘焙的所有步骤都是需要精确操作的，所以在开始前熟悉配方相当重要。

02 | 准备所需配料和工具

看完配方就要准备收集配料和工具，接着再检查一次，确保所有材料都准备充足。如果制作中途才发现漏了很重要的配料或者工具，肯定会影响成品。

03 | 让配料变回室温状态

配方上经常要求黄油和鸡蛋恢复至室温状态，所以在拿到配料后应放置一段时间，让其恢复至室温状态。也可以将黄油磨碎，从而使黄油变回室温状态。

04 | 准备适合的烤盘和烘焙纸

如果配方要求烤盘铺上烘焙纸，那么就必须按步骤来做。铺上烘焙纸的烤盘可以防止饼干烤焦、粘盘或者裂开，而且清洁工作会简单得多。

05 | 提前预热烤箱

在开展奇妙的烘焙之旅前，要养成预热烤箱的习惯。

06 | 使用量杯

烘焙的过程中都应使用最精确的量具。除非配方中只要求使用一种量杯，否则液体（如牛奶或者水）应该使用液体量杯，而干性材料（如糖、面粉、坚果和巧克力块）应该使用嵌套干燥量杯。

07 | 干性材料过筛

虽然这一个步骤比较麻烦，但干性材料过筛可以改善烘焙食品的整体质感，而且能去掉一些块状物。操作时只需将材料过筛到一个大的搅拌盆中或蜡纸上即可。

08 | 用单独的碗打鸡蛋

如果直接将鸡蛋打在装着面糊的搅拌盆中，很容易污染面糊。因此，用单独的碗打鸡蛋比较合适，同时方便检查蛋液中有没有粘着鸡蛋壳，以及确保蛋黄没有破裂。

09 | 依照配方次序混合材料

有些新手会将全部材料一次性倒在搅拌盆中混合搅拌，这是不恰当的。我们应该阅读配方，然后慢慢地、认真地按步骤加入材料并混合搅拌均匀。

小贴士

为了让读者更好地理解制作过程，本书特为部分食谱配备了视频。视频中的演示讲解尽量采用生活化、家常化、口语化的语言，尽管部分用词与文本内容可能不完全一致，但并不影响读者的实际操作。鉴于个人习惯差异，读者可将视频作为辅助制作指导和参考。

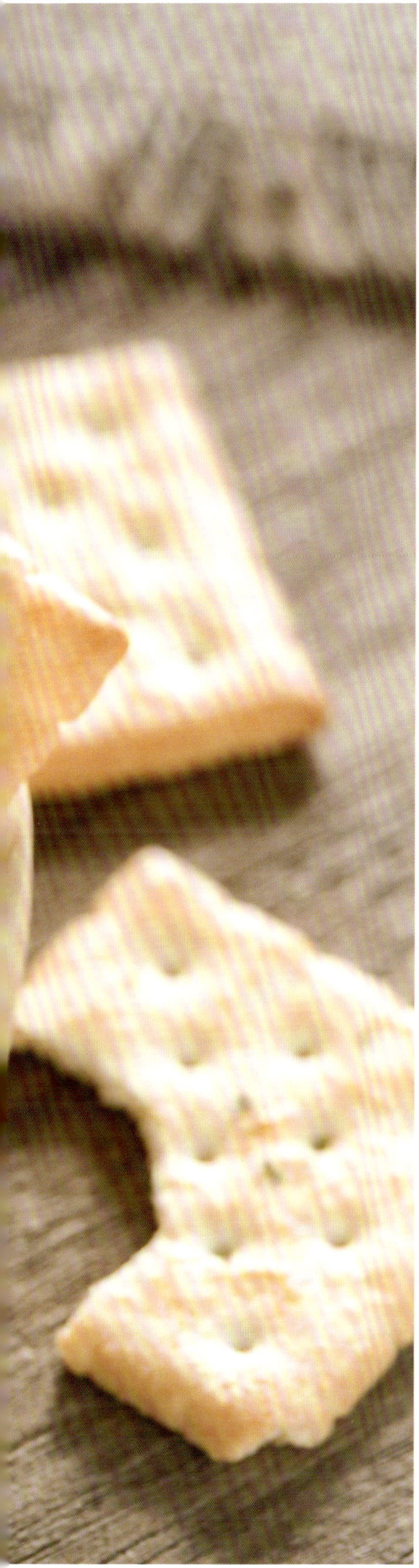

第二章

简单易学的切割饼干

很多新手第一次尝试做饼干都会选择切割饼干，不需要复杂的工序，也不需要手艺高超的造型功底，只是简单地将面饼切割成自己喜欢的形状，即可烤出色香味俱全的饼干。

香草饼干

15 分钟

材料

黄油	60 克
糖粉	25 克
盐	3 克
低筋面粉	110 克
香草粉	7 克
莳萝草末	适量
迷迭香末	适量

做法

1. 将低筋面粉倒在案台上，加入莳萝草末、迷迭香末、香草粉、糖粉。
2. 用刮板开窝，加入盐、软化的黄油。
3. 将材料混合均匀。
4. 把材料揉搓成光滑的面团。
5. 把面团擀成约 0.5 厘米厚的面皮。
6. 用刀把面皮两侧切齐整，再切成长方块。
7. 将另两侧切齐整，切成八等份的小块，制成饼坯。
8. 用叉子在饼坯上扎小孔。
9. 用刀在饼坯上切一刀，但不切断。
10. 把生坯放入铺有不粘油布的烤盘。
11. 将烤盘放入预热好的烤箱。
12. 将上、下火均调为 170 ℃，烤 15 分钟至熟。

制作步骤

芝麻苏打饼干

10 分钟

材料

酵母	3 克
水	70 毫升
低筋面粉	150 克
盐	2 克
小苏打	2 克
黄油	30 克
白芝麻	适量
黑芝麻	适量

做法

1. 将低筋面粉、酵母、小苏打、盐倒在案台上，充分混合均匀。
2. 用刮板开窝，倒入水，再用刮板搅拌。
3. 加入软化的黄油、黑芝麻、白芝麻，将所有食材混匀，搓揉成光滑的面团。
4. 在面板上撒上些许低筋面粉（材料外），放上面团，用擀面杖将面团擀制成约 0.1 厘米厚的面皮。
5. 用刀和尺子将面皮修齐，切成长方片。
6. 在烤盘内垫入不粘油布，放上面片，醒发 50 分钟。
7. 用叉子依次在每个面片上戳上装饰的花纹，将烤盘放入预热好的烤箱中。
8. 烤箱上、下火均调至 200℃，烤 10 分钟至饼干松脆后取出即可。

制作步骤

巧克力核桃饼干

18 分钟

材料

核桃仁碎	100 克
黄油	120 克
杏仁粉	30 克
细砂糖	50 克
低筋面粉	220 克
全蛋液	50 克
黑巧克力液	适量
白巧克力液	适量

做法

1. 将低筋面粉、杏仁粉倒在案台上，然后用刮板开窝。
2. 倒入细砂糖、全蛋液，搅拌均匀，加入软化的黄油。
3. 将材料混合均匀，揉成光滑的面团。
4. 放入核桃仁碎，用手揉成面团。
5. 在面团上撒少许低筋面粉（材料外），压成约 0.5 厘米厚的面皮。
6. 用刀把面皮切成长方形，去掉不规则的边缘，然后把饼坯放入烤盘。
7. 将烤盘放入预热好的烤箱中，以上、下火 150℃烤 18 分钟至熟，取出。
8. 将烤好的核桃饼干一端蘸上适量白巧克力液，另一端蘸上适量黑巧克力液即可。

制作步骤

1

2

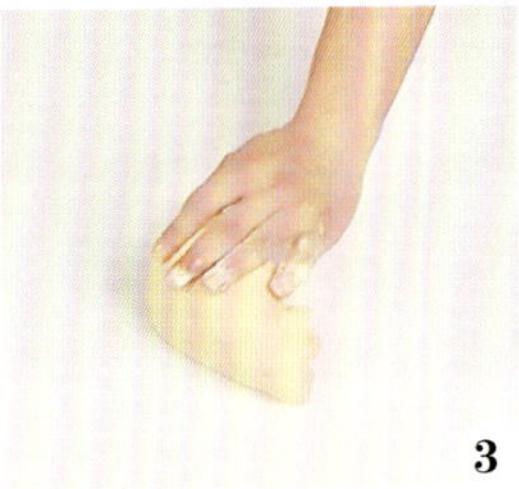
3

4

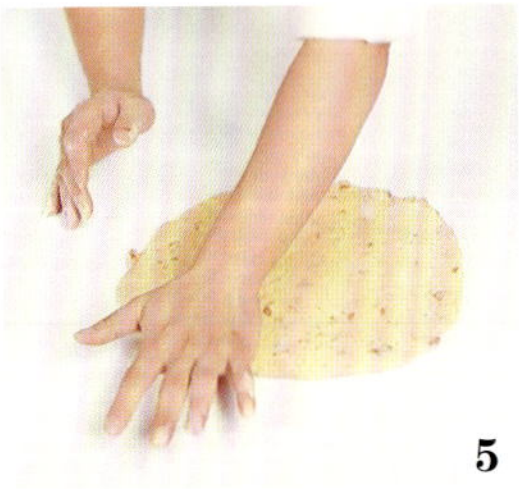
5

6

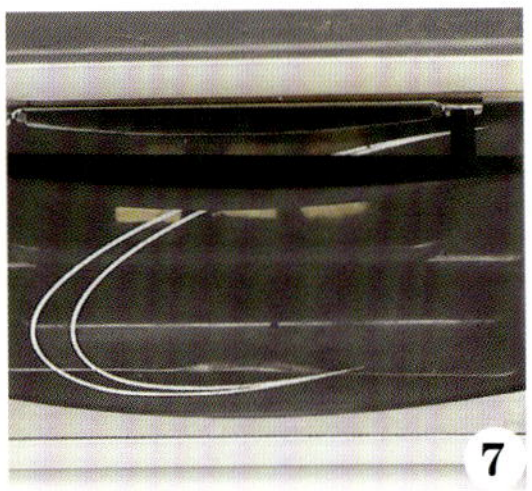
7

8

高钙奶盐苏打饼干

15 分钟

材料

低筋面粉	130 克
黄油	20 克
鸡蛋	1 个
小苏打	1 克
酵母	2 克
盐	1 克
水	40 毫升
色拉油	10 毫升
奶粉	10 克

做法

1. 将奶粉放到 100 克低筋面粉中，加入酵母、小苏打，搅拌均匀。
2. 将步骤 1 的材料倒在案台上，用刮板开窝。
3. 倒入水、打散的鸡蛋，搅散；刮入面粉，混合均匀；加入软化的黄油，揉搓成面团。
4. 将 30 克低筋面粉倒在案台上，加入色拉油、盐。
5. 将材料混合均匀，揉搓成小面团。
6. 大面团擀成面皮，把小面团放在面皮上，压扁。
7. 将面皮两端向中间对折，用擀面杖擀平。
8. 将面皮两端向中间对折，再用擀面杖擀成方形面皮。
9. 用刀将面皮边缘切齐整，醒发 50 分钟，用叉子在面皮上扎上均匀的小孔。
10. 把面皮切成长条块，再切成方块，制成饼坯。
11. 将饼坯放入铺有不粘油布的烤盘里，再放入预热好的烤箱。
12. 烤箱上、下火均调至 170℃，烤 15 分钟至熟，取出烤好的饼干即可。

制作步骤

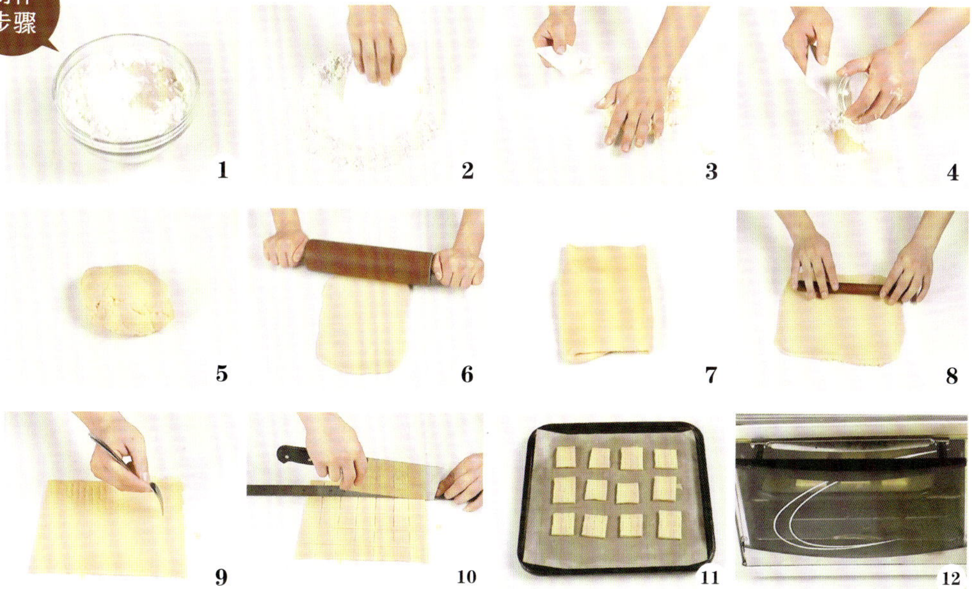

苏打饼干

10 分钟

材料

酵母	6 克
水	140 毫升
低筋面粉	300 克
盐	2 克
小苏打	2 克
黄油	60 克

做法

1. 将低筋面粉、酵母、小苏打、盐倒在案台上，充分混合均匀。
2. 在中间掏一个窝，倒入备好的水，用刮板搅拌使水被吸收。
3. 加入软化的黄油，一边翻搅一边按压，将所有食材混匀，制成光滑的面团。
4. 在面板上撒上些许低筋面粉（材料外），放上面团，用擀面杖将面团擀制成约 0.1 厘米厚的面皮。
5. 用刀将面皮四周不整齐的地方修掉，将其切成大小一致的长方片。
6. 在烤盘内垫入不粘油布，将切好的面皮整齐地放入烤盘内，醒发 50 分钟。
7. 用叉子在每个面片上戳上装饰花纹，将烤盘放入预热好的烤箱内。
8. 烤箱上、下火均调至 200℃，烤 10 分钟至饼干松脆，取出即可。

制作步骤

1

2

3

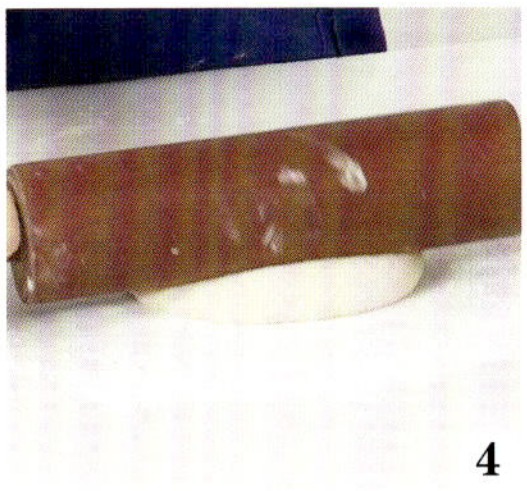
4

5

6

7

8

奶粉曲奇

13~15 分钟

材料

黄油	60 克
低筋面粉	120 克
脱脂奶粉	30 克
牛奶	1 小匙
糖粉	40 克
蛋黄	1 个
蛋清	少许
盐	少许
糖粉	适量

做法

1. 把软化的黄油盛到搅拌碗中用搅拌器打散。
2. 加入糖粉，搅拌均匀。
3. 加蛋黄拌匀，接着加入牛奶，再搅拌一次。
4. 低筋面粉、脱脂奶粉和盐筛过之后倒入搅拌碗里，用勺子搅拌。
5. 从碗里取出面团，用手捏成长方体。
6. 用烘焙纸把面团包起来，放到冰箱冷冻 1 ~ 2 小时，使它凝固定型。
7. 在变硬了的面团表面用刷子刷上蛋清，蛋清干了之后，再裹上糖粉。
8. 把裹好糖粉的面团分切成厚度为 7 ~ 8 毫米的面片。
9. 将面片放入烤盘，再放入预热至 170℃的烤箱中烤 13 ~ 15 分钟，取出即可。

海苔肉松饼干

15 分钟

材料

低筋面粉	150 克
黄油	75 克
全蛋液	50 克
细砂糖	10 克
盐	3 克
泡打粉	3 克
肉松	30 克
海苔	2 克

制作步骤

做法

1. 将低筋面粉倒在案台上，用刮板开窝。
2. 放入泡打粉，刮匀，加入细砂糖、盐、全蛋液，用刮板搅匀。
3. 倒入软化的黄油，揉搓成面团，加入海苔、肉松，揉搓均匀。
4. 裹上保鲜膜，放入冰箱，冷冻 1 小时，取出面团，去除保鲜膜。
5. 用刀将面团切成 1.5 厘米厚的饼干生坯。
6. 将饼干生坯摆放在铺有不粘油布的烤盘上。
7. 将烤盘放入预热好的烤箱，以上、下火 160℃烤 15 分钟至熟。
8. 从烤箱中取出烤好的饼干即可。

巧克力摩卡曲奇

15~18 分钟

材料

黄油	90 克
低筋面粉	250 克
泡打粉	1/4 小匙
盐	少许
牛奶	40 毫升
咖啡粉	3 克
核桃仁	50 克
巧克力碎	35 克

做法

1. 把软化的黄油盛到搅拌碗中，用搅拌器打散。
2. 牛奶加咖啡粉搅拌均匀，放入步骤 1 的材料中，用搅拌器搅拌。
3. 加入过筛后的低筋面粉、泡打粉和盐，搅拌成面团。
4. 把切碎的核桃仁和巧克力碎倒进面团中，搅拌均匀，用手揉成长的圆柱状。
5. 用烘焙纸包好面团，放到冰箱冷冻 1 小时。
6. 把冷冻过的面团切成厚度为 7 ~ 8 毫米的面片。
7. 把面片放入烤盘中，估量好面片的间距，放入预热至 170 ~ 180℃的烤箱中烤 15 ~ 18 分钟，取出即可。

大米绿茶曲奇

15~18 分钟

材料

制饼用大米粉	120 克
绿茶粉	4 克
黄油	60 克
糖粉	55 克
蛋黄	1 个
红豆	30 克

做法

1. 将软化的黄油打散，加糖粉搅拌均匀。
2. 加入蛋黄搅拌均匀。
3. 把过筛后的大米粉和绿茶粉加到步骤 2 的材料中，用饭勺拌匀。
4. 加入泡发的红豆，用手和面，让红豆和面团能很好地粘黏在一起。
5. 把面团装到可以密封的袋子里，用擀面杖擀平，放到冰箱冷冻 1 小时。
6. 把冷冻过的面饼从袋子里拿出来，放到保鲜膜上面，切成方形。
7. 把切好的面饼铺在烤板上，面饼之间留出一定空隙，放入预热至 170℃的烤箱中烤 15 ~ 18 分钟，取出即可。

瓜子仁脆饼

23 分钟

材料

蛋清	80 克
细砂糖	50 克
低筋面粉	40 克
瓜子仁	100 克
黄油	25 克
奶粉	10 克

制作步骤

1

2

3

4

5

6

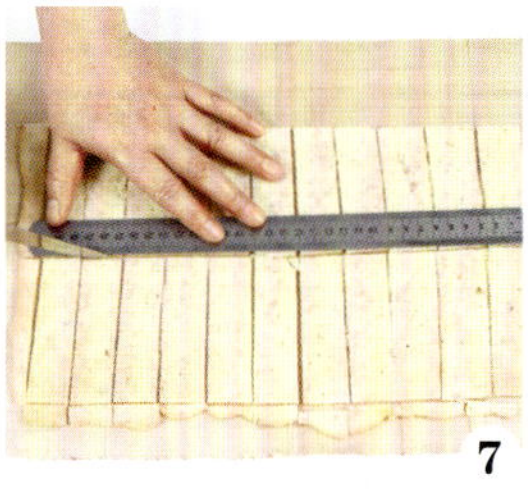
7

8

做法

1. 把蛋清、细砂糖倒入盆中，用电动搅拌器中速打至细砂糖完全溶化。
2. 加入已过筛的低筋面粉、瓜子仁、奶粉，搅拌均匀至无粉粒状。
3. 加入隔水加热至完全熔化的黄油，完全拌匀，制成饼干糊。
4. 将饼干糊倒在铺有不粘油布的烤箱铁架上。
5. 利用长柄刮刀将饼干糊抹至厚薄均匀。
6. 将烤箱铁架放入预热好的烤箱，以上、下火 150℃的温度烤 15 分钟，烤干表面后取出。
7. 在案台上将整张脆饼分切成长方形。
8. 放入烤箱继续烤 8 分钟至脆饼完全熟透，两面呈金黄色，取出冷却即可。

special angel
Right from paradise

橄榄油原味香脆饼

15 分钟

材料

全麦粉	100 克
橄榄油	20 毫升
盐	2 克
小苏打	1 克
水	45 毫升

做法

1. 将已过筛的全麦粉倒在案台上，用刮板开窝。
2. 倒入小苏打，加入盐，搅拌均匀。
3. 加入水、橄榄油，搅拌均匀。
4. 将材料混合均匀，揉搓成面团。
5. 用擀面杖把面团擀成约 0.3 厘米厚的面皮。
6. 用刀把面皮切成长方形的饼坯。
7. 用叉子在饼坯上扎小孔。
8. 将饼坯四周多余的面皮去掉。
9. 把饼坯放入铺有不粘油布的烤盘中。
10. 将烤盘放入预热好的烤箱，上、下火均调至 170℃，烤 15 分钟至熟。
11. 从烤箱内取出烤好的橄榄油原味香脆饼。
12. 将饼干装盘，放凉后即可食用。

制作步骤

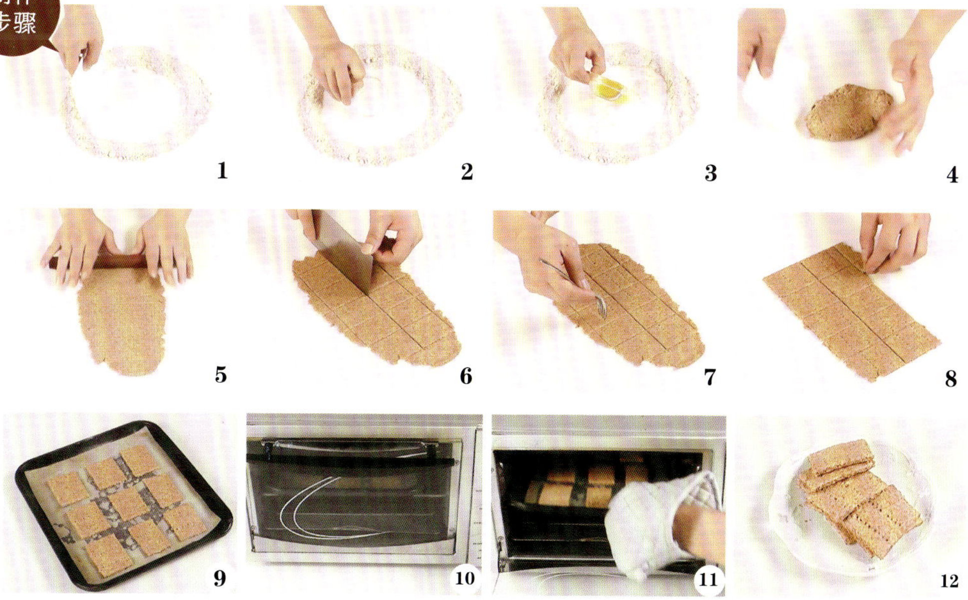

牛奶饼干

10 分钟

材料

低筋面粉	150 克
糖粉	40 克
蛋清	15 克
黄油	25 克
淡奶油	50 克

制作步骤

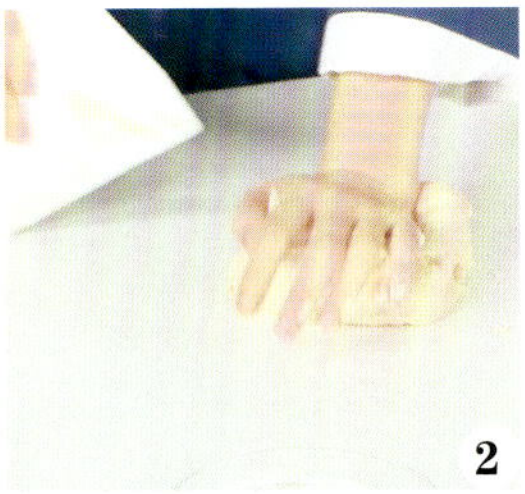

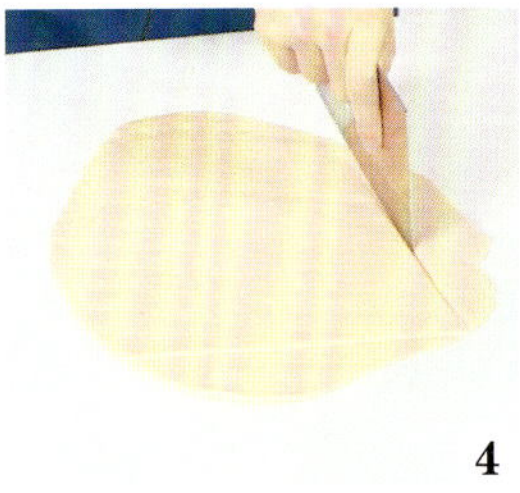

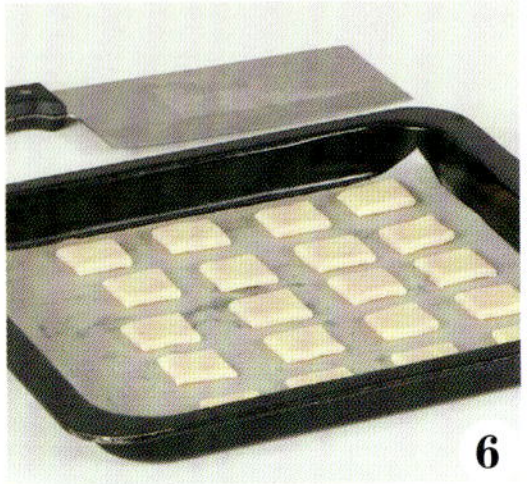

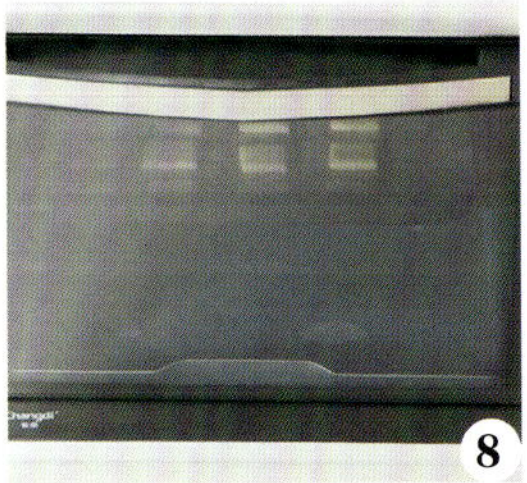

做法

1. 低筋面粉倒在面板上，用刮板开窝，加入糖粉、蛋清，拌匀。
2. 加入软化的黄油、淡奶油，将四周的粉覆盖中间，边搅拌边按压制成光滑的面团。
3. 用擀面杖把面团擀平擀薄，制成约 0.3 厘米厚的面片。
4. 用刀将面片四周切齐制成长方形的面皮。
5. 修好的面皮切成大小一致的小长方形，制成饼干生坯。
6. 去掉多余的面皮，将饼干生坯放入垫有不粘油布的烤盘中。
7. 将烤盘放入预热好的烤箱内。
8. 将烤箱调至上、下火 160℃，烤 10 分钟至其熟透，取出即可。

葡萄奶酥

15 分钟

材料

低筋面粉	195 克
葡萄干	60 克
玉米淀粉	15 克
蛋黄	45 克
奶粉	12 克
黄油	80 克
细砂糖	50 克

做法

1. 将低筋面粉铺在案板上，加入奶粉、玉米淀粉，搅拌均匀。
2. 把拌好的材料用刮板开窝，倒入细砂糖、蛋黄，搅拌均匀。
3. 倒入 70 克软化的黄油，搅拌均匀，揉成面团。
4. 加入葡萄干，继续揉搓面团。
5. 用擀面杖将面团擀成约 0.5 厘米厚的面片。
6. 把擀好的面片用刀切去边缘，然后切成小方块，制成饼干坯。
7. 将饼干坯摆入烤盘中，再刷上一层隔水熔化后的黄油。
8. 将烤盘放入预热好的烤箱中。
9. 以上、下火 160℃烤 15 分钟至熟，取出即可。

制作步骤

蔓越莓曲奇

15 分钟

材料

低筋面粉	90 克
蛋清	20 克
奶粉	15 克
黄油	80 克
糖粉	30 克
蔓越莓干	适量

制作步骤

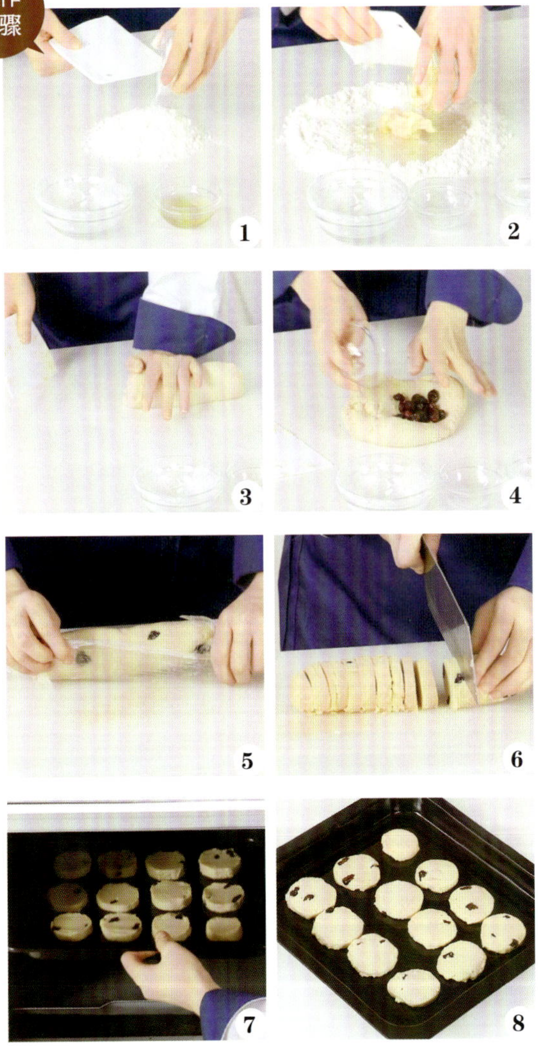

做法

1. 将低筋面粉倒在案台上，加入奶粉，拌匀。
2. 把拌好的材料用刮板开窝，加入糖粉、蛋清，拌匀，再倒入软化的黄油。
3. 用四周的粉覆盖中间，按压成型，揉搓成面团。
4. 揉好的面团中加入蔓越莓干，揉搓均匀。
5. 将面团揉搓成长条，包上保鲜膜，放入冰箱冷冻 1 小时，取出后拆下保鲜膜。
6. 将面团切成约 0.5 厘米厚的饼干生坯。
7. 将生坯摆入烤盘中，再将烤盘放入预热好的烤箱中，以上、下火 160℃烤 15 分钟至熟。
8. 取出烤盘即可。

红茶苏打饼干

10 分钟

材料

酵母	3 克
水	70 毫升
低筋面粉	150 克
盐	2 克
小苏打	2 克
黄油	30 克
红茶末	5 克

做法

1. 将低筋面粉、酵母、小苏打、盐倒在案台上，充分混匀。
2. 在中间开窝，倒入水，用刮板搅拌。
3. 加软化的黄油、红茶末，翻搅按压成面团。
4. 在案台上撒上些许低筋面粉（材料外），放上面团，用擀面杖将面团擀制成约 0.1 厘米厚的面皮。
5. 用刀修齐面皮，并切成均匀的长方片。
6. 在烤盘内垫入不粘油布，放入面皮，静置醒发 50 分钟。
7. 用叉子在每个面片上戳上装饰花纹。
8. 将烤盘放入预热好的烤箱内，上、下火温度均调为 200℃，烤 10 分钟至熟。
9. 烤好后取出，装入盘中即可。

制作步骤

1

2

3

4

5

6

7

8

9

芝麻南瓜子仁小饼干

15 分钟

材料

黄油	80 克
细砂糖	50 克
香草粉	适量
牛奶	16 毫升
低筋面粉	150 克
鸡蛋	1 个
白芝麻	适量
南瓜子仁	适量

做法

1. 将低筋面粉倒在案台上，用刮板开窝。
2. 加入牛奶、细砂糖搅匀，再打入鸡蛋拌匀。
3. 放入香草粉，搅匀。
4. 倒入软化的黄油，将材料混合均匀，揉搓成光滑的面团。
5. 用保鲜膜包好面团，放入冰箱，冷冻 30 分钟。
6. 取出面团，去掉保鲜膜，切成饼状。
7. 在饼坯边缘蘸上白芝麻，在中心放上南瓜子仁，再放入铺有不粘油布的烤盘中。
8. 将烤盘放入预热好的烤箱，以上、下火 170℃烤 15 分钟至熟即可。

制作步骤

1

2

3

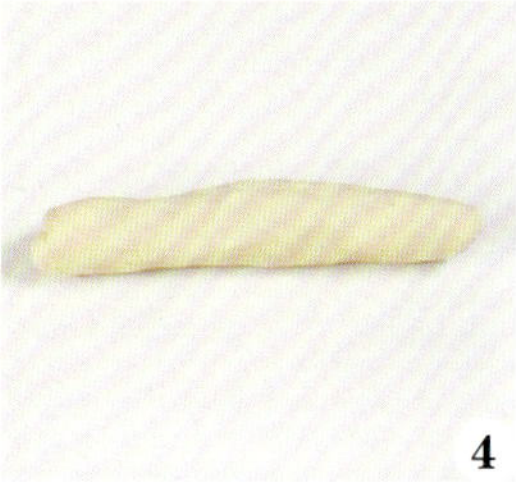
4

5

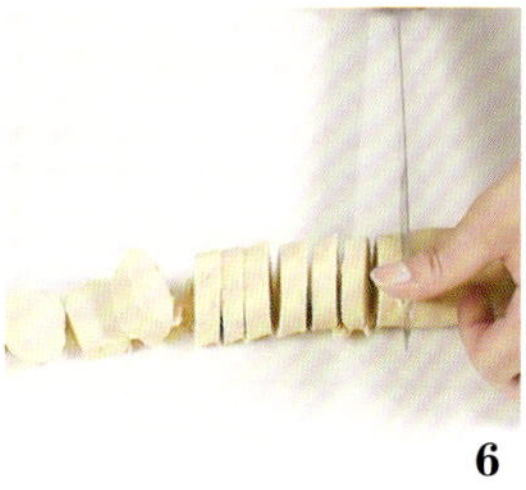
6

7

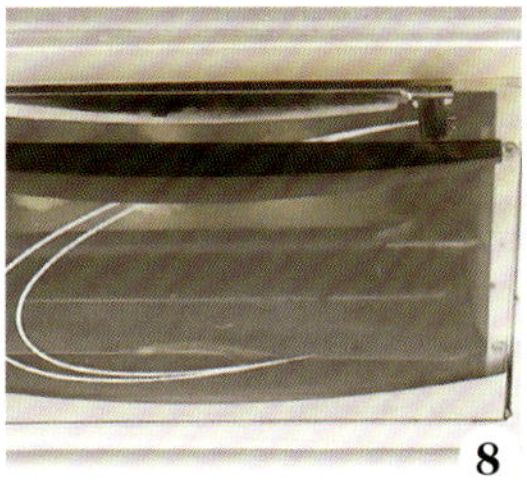
8

巧克力蔓越莓饼干

20 分钟

材料

低筋面粉	90 克
蛋清	20 克
奶粉	15 克
可可粉	10 克
黄油	80 克
糖粉	30 克
蔓越莓干	适量

做法

1. 将低筋面粉、奶粉、可可粉倒在案板上，用刮板拌匀后铺开。
2. 倒入蛋清和糖粉，充分搅拌均匀。
3. 加入软化的黄油，拌匀之后稍稍按压，使材料初步成型。
4. 加入备好的蔓越莓干。
5. 继续按压，使蔓越莓干均匀散开在面团中，然后把面团搓成长条状。
6. 将长条面团包上保鲜膜，放入冰箱冷冻 1 小时。
7. 取出面团，把长条面团切成厚度约 1 厘米的饼干生坯。
8. 把饼干生坯装入烤盘中，摆好，彼此间留一些空隙。
9. 将装有饼干生坯的烤盘放入预热 5 分钟的烤箱中。
10. 以上、下火 170℃烤 20 分钟。
11. 取出烤盘，稍稍静置片刻，待饼干冷却。
12. 将烤好的饼干装盘即可。

制作步骤

牛奶棒

15 分钟

材料

黄油	70 克
奶粉	60 克
鸡蛋	1 个
牛奶	25 毫升
中筋面粉	250 克
细砂糖	80 克
泡打粉	2 克

做法

1. 将中筋面粉倒在面板上，加入奶粉、泡打粉，拌匀，开窝。
2. 倒入细砂糖、打散的鸡蛋，再倒入牛奶，放入软化的黄油。
3. 慢慢和匀，使材料融在一起，再揉成面团。
4. 将面团压平，用保鲜膜包好，放入冰箱冷藏 30 分钟。
5. 取出面团，撕去保鲜膜，擀平。
6. 用刀将面皮切成 1 厘米左右宽的长方条，制成饼坯。
7. 把饼坯放在铺有锡纸的烤盘上。
8. 将烤盘放入预热好的烤箱内，以上火 170℃、下火 160℃烤 15 分钟至熟即可。

制作步骤

1

2

3

4

5

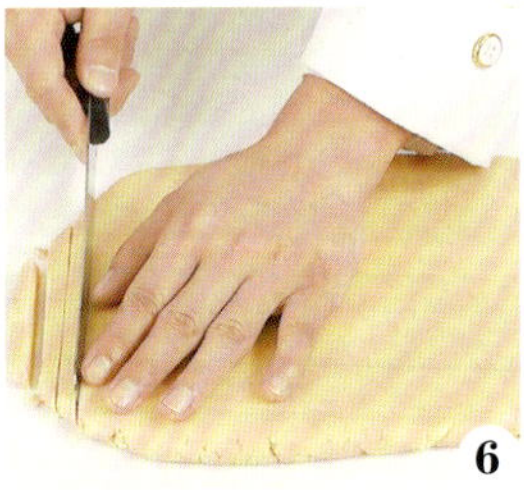
6

7

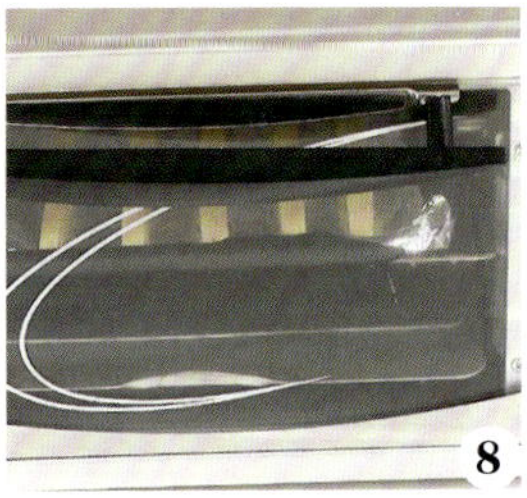
8

饼干棒

20 分钟

材料

低筋面粉	150 克
糖粉	40 克
蛋清	15 克
黄油	25 克
牛奶	50 毫升

做法

1. 将软化的黄油加入糖粉，用电动搅拌器打发至呈乳白色。
2. 加入蛋清，搅拌均匀。
3. 放入牛奶，拌制片刻。
4. 分次倒入低筋面粉，充分混匀制成面团。
5. 将面团擀成面皮。
6. 用刀修去面皮的四边，切成条状，放入烤盘。
7. 将烤盘放入预热好的烤箱内。
8. 上、下火均调为 150℃，烤 20 分钟至熟即可。

香辣饼干条

10 分钟

材料

中筋面粉	200 克
黄油	100 克
辣椒粉	少许
泡打粉	4 克
鸡蛋	1 个
蛋黄	20 克
细砂糖	55 克

做法

1. 将辣椒粉、泡打粉混合均匀，倒在操作台上，然后用刮板开窝。
2. 往粉窝中倒入细砂糖、打散的鸡蛋、软化的黄油、中筋面粉，拌匀，并揉搓成面团。
3. 用擀面杖将面团压成片状，再用小刀切成竖条状，制成香辣饼干条生坯。
4. 将香辣饼干条生坯放入烤盘，用刷子把蛋黄搅散成蛋黄液。
5. 在香辣饼干条生坯上均匀地刷上蛋黄液，然后把烤盘放入预热好的烤箱中，以上、下火 160℃烤 10 分钟至熟。
6. 取出烤好的香辣饼干条即可。

第三章

口感丰富的塑形饼干

手工塑形饼干一般会添加一些干果或者小零食，让口味单一的饼干有更加丰富的口感和味道。

水果大饼

25 分钟

材料

鸡蛋	1 个
细砂糖	60 克
色拉油	60 毫升
低筋面粉	180 克
泡打粉	1 克
小苏打	1 克
吉士粉	6 克
蔓越莓果肉馅	适量

做法

1. 将鸡蛋打入玻璃碗中，加入细砂糖，用电动搅拌器快速搅匀。
2. 边搅拌边加入色拉油，搅拌成光滑的鸡蛋浆，待用。
3. 将低筋面粉倒在案台上，加入吉士粉、泡打粉、小苏打，用刮板开窝。
4. 倒入鸡蛋浆，刮入面粉，混合均匀。
5. 把材料揉搓成光滑的面团。
6. 把面团压扁，用擀面杖擀成面皮。
7. 用圆形模具在面皮上压出 6 个饼坯。
8. 去掉边角料，在其中 3 个饼坯上放入适量蔓越莓果肉馅。
9. 将剩余的 3 个饼坯盖在蔓越莓果肉馅上，制成 3 个水果大饼生坯。
10. 将生坯放入烤盘，把烤盘放入预热好的烤箱里。
11. 把烤箱上、下火均调至 170℃，烤 25 分钟至熟。
12. 取出烤好的水果大饼即可。

制作步骤

花生黄油饼干

15 分钟

材料

低筋面粉	100 克
鸡蛋	1 个
花生酱	35 克
黄油	65 克
糖粉	50 克

制作步骤

做法

1. 将低筋面粉倒在案台上，用刮板开窝。
2. 倒入糖粉、打散的鸡蛋，用刮板搅匀。
3. 加入软化的黄油、花生酱，刮入低筋面粉，充分混合均匀。
4. 将混合物揉搓成光滑的面团，把面团搓成长条状，包上保鲜膜，放入冰箱冷藏 30 分钟。
5. 取出面团去掉保鲜膜，用刮板切成数个大小均匀的小面团。
6. 把小面团分别搓成球状，再放入铺有不粘油布的烤盘中。
7. 用叉子在面团上压出花纹，制成生坯。
8. 将烤盘放入预热好的烤箱，以上、下火 170℃烤 15 分钟至熟即可。

巧克力杏仁饼

15 分钟

材料

黄油	200 克
杏仁片	40 克
低筋面粉	275 克
可可粉	25 克
鸡蛋	1 个
蛋黄	2 个
糖粉	150 克

做法

1. 将可可粉混合低筋面粉，倒在案台上开窝。
2. 倒入软化的黄油、糖粉，用刮板切碎。
3. 加入打散的鸡蛋、蛋黄，刮入混合好的材料。
4. 搓成光滑的面团。
5. 把杏仁片加到面团里，揉搓均匀。
6. 用保鲜膜把面团包裹严实，整理成长条形，放入冰箱冷冻 30 分钟至其变硬。
7. 把面团取出，撕去保鲜膜，用刀把面团切成小块，制成生坯，放入烤盘。
8. 将烤盘放入预热好的烤箱里，以上火 170℃、下火 130℃烤 15 分钟至熟。
9. 取出巧克力杏仁饼，装入盘中即可。

制作步骤

巧克力豆饼干

20 分钟

材料

黄油	120 克
糖粉	90 克
全蛋液	50 克
低筋面粉	170 克
杏仁粉	50 克
泡打粉	4 克
巧克力豆	100 克

做法

1. 将软化的黄油、泡打粉、80 克糖粉倒入玻璃碗中，用电动搅拌器快速搅拌均匀。
2. 加入全蛋液，搅拌均匀。
3. 将低筋面粉、杏仁粉过筛至玻璃碗中，用长柄刮刀将材料搅拌均匀。
4. 制成面团。
5. 倒入巧克力豆，拌匀并揉搓成团。
6. 取一小块面团，搓圆，放在铺有不粘油布的烤盘上，用手稍稍地压平。
7. 将烤盘放入预热好的烤箱，以上、下火 170℃烤 20 分钟至熟。
8. 取出烤盘，将 10 克糖粉筛在饼干上即可。

制作步骤

1

2

3

4

5

6

7

8

巧克力奇普饼干

15 分钟

材料

低筋面粉	100 克
黄油	60 克
红糖	30 克
细砂糖	20 克
蛋黄	20 克
核桃仁碎	20 克
巧克力豆	50 克
小苏打	4 克
盐	2 克
香草粉	2 克

做法

1. 取一个玻璃碗，倒入软化的黄油、细砂糖，用电动搅拌器略微搅几下，再加入蛋黄拌匀。
2. 加入红糖、小苏打、盐、香草粉，充分搅拌均匀。
3. 加入低筋面粉，搅拌均匀，再加入核桃仁碎、巧克力豆，继续搅拌片刻。
4. 手上蘸干粉（材料外），取适量面团，搓圆。
5. 将搓好的面团放入铺有不粘油布的烤盘，轻轻按压，制成饼状。
6. 将剩余的面团依次制成大小一致的饼坯。
7. 将烤盘放入预热好的烤箱内。
8. 将上、下火均调为 160℃，烤 15 分钟至饼干松脆。
9. 将烤盘取出，将饼干装入篮子即可。

制作步骤

趣多多饼干

15 分钟

材料

低筋面粉	150 克
蛋黄	25 克
可可粉	40 克
糖粉	90 克
黄油	90 克
巧克力豆	适量

做法

1. 将低筋面粉、可可粉倒在面板上，用刮板搅拌均匀。
2. 在搅拌好的材料中掏一个窝，倒入糖粉、蛋黄，将其搅拌均匀。
3. 加入软化的黄油，一边搅拌一边按压，将食材揉搓成光滑的面团。
4. 将揉好的面团搓成条，取一块揉成圆球。
5. 将揉好的圆球蘸上巧克力豆，放入铺有烘焙纸的烤盘内，轻轻按压一下成饼状。
6. 将剩余的面团依次用以上方法制成饼坯。
7. 将装有饼坯的烤盘放入预热好的烤箱内。
8. 将上、下火均调为 170℃，烤 15 分钟至熟即可。

制作步骤

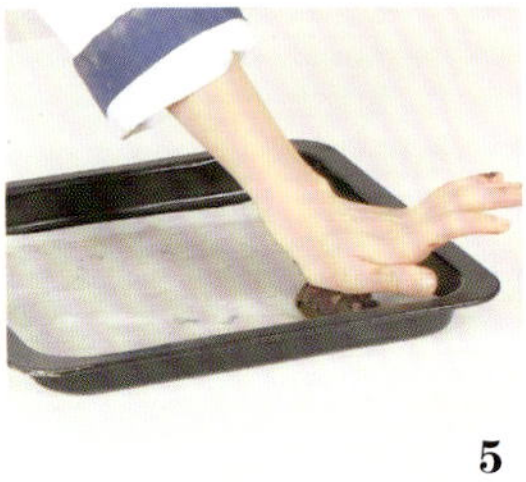

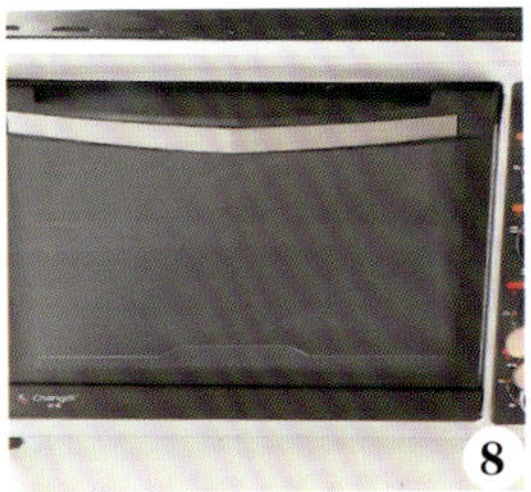

香甜裂纹小饼

15 分钟

材料

低筋面粉	110 克
细砂糖	60 克
橄榄油	40 毫升
蛋黄	1 个
泡打粉	5 克
可可粉	30 克
盐	2 克
酸奶	35 毫升
南瓜子仁	适量

做法

1. 低筋面粉中加入可可粉拌匀，倒在案台上开窝，淋入橄榄油，加入细砂糖。
2. 倒入酸奶，搅拌均匀，放入泡打粉，加入盐，倒入南瓜子仁、蛋黄，搅拌均匀。
3. 将材料混合均匀，揉搓成面团。
4. 将面团搓成长条状，再用刀将其切成数个小面团，将小面团揉成圆球状。
5. 在每个面球上均匀地裹上一层低筋面粉，再放入铺有不粘油布的烤盘中。
6. 将烤盘放进预热好的烤箱，以上、下火 170℃烤 15 分钟至熟即可。

猕猴桃小饼干

15 分钟

材料

低筋面粉	275 克
黄油	150 克
糖粉	100 克
全蛋液	50 克
抹茶粉	8 克
可可粉	5 克
吉士粉	5 克
黑芝麻	适量

做法

1. 把低筋面粉倒在案台上，开窝，倒入糖粉，加入全蛋液、软化的黄油，混合均匀，揉搓成面团。
2. 把面团分成三份，取其中一个面团，加入吉士粉，揉搓成条；取另一个面团，加入可可粉，揉搓均匀；将最后一个面团加入抹茶粉，揉搓匀。
3. 把抹茶粉面团擀成面皮，放上吉士粉面团，卷好，再裹上保鲜膜，放入冰箱冷冻 2 小时至定型。
4. 把可可粉面团擀成面皮，放上冻好的双色面团，裹好，制成三色面团，裹上保鲜膜，冷冻 2 小时至定型。
5. 将三色面团取出，撕去保鲜膜，切成饼坯，放入铺有不粘油布的烤盘里，在饼坯中心点缀上适量黑芝麻。
6. 将烤盘放入预热好的烤箱，以上、下火 170℃烤 15 分钟至熟即可。

红糖核桃饼干

20 分钟

材料

低筋面粉	170 克
蛋清	30 克
泡打粉	4 克
核桃仁碎	80 克
黄油	60 克
红糖	50 克

做法

1. 将低筋面粉倒于案台上，加入泡打粉，拌匀后开窝。
2. 倒入蛋清、红糖，搅拌均匀。
3. 倒入软化的黄油，混合均匀。
4. 将面粉揉按成型。
5. 加入核桃仁碎，揉按均匀。
6. 取适量面团，按捏成数个饼干生坯。
7. 将制好的饼干生坯摆入铺有不粘油布的烤盘中，将烤盘放入预热好的烤箱中。
8. 以上、下火 170℃烤 20 分钟至熟。
9. 取出烤盘，把饼干装入盘中即可。

制作步骤

椰蓉蛋酥饼干

15 分钟

材料

低筋面粉	150 克
奶粉	20 克
鸡蛋	2 个
盐	2 克
细砂糖	60 克
黄油	60 克
椰蓉	50 克

做法

1. 将低筋面粉、奶粉倒在案台上，搅拌片刻，在中间掏一个窝。
2. 加入备好的细砂糖、盐以及打散的鸡蛋，在中间搅拌均匀。
3. 倒入软化的黄油，将四周的面粉覆盖上去，一边翻搅一边按压至面团均匀、光滑。
4. 取适量面团揉成圆形，在外圈均匀蘸上椰蓉。
5. 将面团放入铺有不粘油布的烤盘中，轻轻压成饼状，将面团依次制成饼干生坯。
6. 将烤盘放入预热好的烤箱里，烤箱温度调成上火 180℃、下火 150℃，烤 15 分钟至定型。
7. 戴上隔热手套将烤盘取出。
8. 将烤好的饼干装入篮子中即可。

制作步骤

希腊可球

20 分钟

材料

低筋面粉	100 克
黄油	80 克
糖粉	45 克
盐	1 克
全蛋液	20 克
草莓果酱	适量

做法

1. 将低筋面粉倒在案台上，用刮板开窝。
2. 倒入糖粉，加入全蛋液，拌匀。
3. 刮入低筋面粉，用刮板拌匀。
4. 倒入软化的黄油，稍稍按压拌匀。
5. 加入盐，搅匀。
6. 将混合物按压均匀，制成面团。
7. 将面团等分成约 15 克一个的小球，稍搓圆放入烤盘。
8. 用筷子蘸少量面粉（材料外），在面团顶部戳一个适度的小孔。
9. 将草莓果酱装入裱花袋中，用剪刀将裱花袋尖端剪开一小口。
10. 将草莓果酱挤入戳好的小孔里。
11. 将烤盘放入预热好的烤箱中，以上、下火 170℃烤 20 分钟至熟。
12. 取出烤盘即可。

制作步骤

小甜饼

20 分钟

材料

糖粉	80 克
黄油	50 克
盐	5 克
全蛋液	80 克
低筋面粉	200 克
泡打粉	5 克
朗姆酒	适量

做法

1. 将软化的黄油倒入玻璃碗，用电动搅拌器搅拌至松散。
2. 放入糖粉，搅拌均匀。
3. 加入全蛋液，搅拌均匀。
4. 倒入盐，继续搅拌均匀。
5. 倒入低筋面粉、泡打粉以及朗姆酒，启动电动搅拌器搅拌片刻。
6. 用手揉匀，制成面团。
7. 依次取适量的面团，将其揉搓成光滑的小圆面团，放入烤盘。
8. 将烤盘放入预热好的烤箱，以上、下火 170℃烤 20 分钟至熟。
9. 从烤箱中取出烤盘，将饼干稍放凉即可。

腰果小酥饼

15 分钟

材料

黄油	100 克
糖粉	50 克
低筋面粉	60 克
玉米淀粉	60 克
腰果仁碎	60 克

做法

1. 将低筋面粉倒在案台上，加入玉米淀粉，用刮板开窝。
2. 倒入 40 克糖粉、软化的黄油，刮入面粉，混合均匀。
3. 加入腰果仁碎，揉搓成面团。
4. 把面团搓成长条状。
5. 用刮板将面团分切成大小均等的小面团。
6. 把小面团搓成条，再弯成“U”形，制成腰果小酥饼生坯。
7. 在烤盘里铺上不粘油布，再将腰果小酥饼生坯放入烤盘。
8. 将烤盘放入预热好的烤箱里。
9. 把烤箱上、下火均调至 170℃，烤 15 分钟至熟，取出烤好的腰果小酥饼，再筛上剩余糖粉即可。

黑芝麻咸香饼

15 分钟

材料

低筋面粉	300 克
黄油	150 克
鸡蛋	1 个
牛奶	20 毫升
细砂糖	20 克
熟黑芝麻	20 克
泡打粉	3 克
盐	3 克

做法

1. 将低筋面粉倒在案台上，用刮板开窝。
2. 放入熟黑芝麻，倒入牛奶、盐、细砂糖、泡打粉、打散的鸡蛋，搅匀。
3. 加入软化的黄油，揉搓成光滑的面团，静置 10 分钟，备用。
4. 在案台上撒上少许低筋面粉（材料外），用擀面杖把面团擀成面皮。
5. 用模具在面皮上压出数个饼坯。
6. 将饼坯分好，放入铺有不粘油布的烤盘。
7. 将烤盘放入预热好的烤箱，上、下火均调至 170℃，烤 15 分钟至熟即可。

全麦核桃酥饼

15 分钟

材料

全麦粉	125 克
糖粉	75 克
鸡蛋	1 个
核桃仁碎	适量
黄油	100 克
泡打粉	5 克

做法

1. 将全麦粉倒在案台上，用刮板开窝。
2. 倒入糖粉、打散的鸡蛋，搅匀。
3. 放入软化的黄油、泡打粉、核桃仁碎，混合均匀，揉搓成面团。
4. 把面团搓成长条。
5. 用刮板将面团切成小面团，揉搓成饼坯。
6. 将饼坯放入烤盘，将烤盘放入预热好的烤箱。
7. 以上火 160℃、下火 180℃烤 15 分钟至熟，取出即可。

花生脆果子

15 分钟

材料

玉米淀粉	50 克
花生米	适量
低筋面粉	45 克
细砂糖	20 克
鸡蛋	1 个
黄油	8 克

做法

1. 把低筋面粉倒入装有玉米淀粉的玻璃碗中，混合均匀。
2. 将混合好的材料倒在案台上，用刮板开窝。
3. 倒入细砂糖、打散的鸡蛋、隔水加热至完全熔化的黄油，搅匀。
4. 将材料混合均匀，揉搓成光滑的面团。
5. 用保鲜膜包好面团，放入冰箱冷藏 15 分钟。
6. 取出面团，撕去保鲜膜，用刮板将面团切成小块。
7. 将小面团捏平，放入花生米，包好，揉成圆球，制成花生脆果子生坯。
8. 将花生脆果子生坯放入烤盘。
9. 把烤盘放入预热好的烤箱，上、下火均调至 170℃，烤 15 分钟至熟，取出即可。

芝士脆果子

20 分钟

材料

可可粉	5 克
芝士粒	25 克
盐	1 克
玉米淀粉	50 克
鸡蛋	1 个
低筋面粉	45 克
细砂糖	10 克
黄油	8 克

做法

1. 把玉米淀粉、低筋面粉、可可粉倒在案台上，用刮板开窝。
2. 倒入细砂糖、盐、打散的鸡蛋，搅拌，混合均匀。
3. 倒入隔水加热至完全熔化的黄油，按压均匀，揉搓成光滑的面团。
4. 用保鲜膜包好面团，放入冰箱冷藏 15 分钟。
5. 从冰箱中取出面团，撕去保鲜膜，用刮板将面团分成小块。
6. 用手将小面团捏平，放入芝士粒，包好，搓成圆球，制成芝士脆果子生坯，放入烤盘。
7. 把烤盘放入预热好的烤箱，上、下火均调至 170℃，烤 20 分钟至熟。
8. 取出烤好的芝士脆果子即可。

酥脆花生饼干

20 分钟

材料

低筋面粉	160 克
鸡蛋	1 个
小苏打	5 克
黄油	100 克
花生酱	100 克
细砂糖	80 克
花生仁碎	适量

做法

1. 将低筋面粉、小苏打倒在案台上，用刮板拌匀，开窝。
2. 加入打散的鸡蛋、细砂糖，稍稍拌匀，放入软化的黄油、花生酱，刮入面粉，混合均匀。
3. 将混合物搓揉成一个光滑的面团。
4. 逐一取适量面团，揉圆制成生坯，将生坯均匀蘸上花生仁碎，再放入垫有不粘油布的烤盘上，用手逐个按压一下成圆饼状。
5. 将烤盘放入预热好的烤箱中，以上、下火 160℃烤 20 分钟至熟。
6. 取出烤好的饼干即可。

椰子曲奇

15~20 分钟

材料

黄油	60 克
细砂糖	50 克
罐装椰子汁	40 毫升
香草油	少许
低筋面粉	140 克
泡打粉	3 克
盐	少许
干椰子仁	40 克

做法

1. 准备好罐装椰子汁。
2. 用搅拌器打散软化的黄油，加入细砂糖，搅拌均匀。
3. 搅拌至黄油的颜色变成灰色的时候，倒入备好的椰子汁，继续搅拌均匀。
4. 滴入香草油，加入过筛后的低筋面粉，再加入泡打粉、盐、干椰子仁，搅拌均匀，制成面团。
5. 将拌好的面团分成大小适当的小面团，再用手把它们滚成鸟蛋的样子，放入烤盘，在烤之前用叉子按压一下，制成曲奇生坯。
6. 将烤盘放入预热至 180℃的烤箱中烤 15 ~ 20 分钟；若是以鸟蛋模样烤，在烤到 10 分钟的时候，用饭勺把饼干压一下，再接着烤 5 ~ 10 分钟即可。

玛格丽特小饼干

20 分钟

材料

低筋面粉	100 克
玉米淀粉	100 克
黄油	100 克
糖粉	80 克
盐	2 克
熟蛋黄	30 克

做法

1. 将低筋面粉和玉米淀粉倒在案板上，用刮板搅拌均匀。
2. 在面粉中间开窝，倒入糖粉、软化的黄油、盐、熟蛋黄。
3. 一边翻动一边按压，揉至面团均匀光滑。
4. 将揉好的面团搓成长条，用刮板切成大小一致的小段。
5. 将切好的小段揉圆，逐一放入铺有不粘油布的烤盘上。
6. 用拇指压在面团上，压出自然裂纹，制成饼坯，将剩余的面团依次用此法制成饼坯。
7. 将烤盘放入预热好的烤箱内。
8. 将烤箱温度调为上火 170℃、下火 160℃，烤 20 分钟至成型。
9. 取出烤盘，待饼干稍凉后装盘即可。

制作步骤

清爽柠檬饼干

15 分钟

材料

低筋面粉	200 克
黄油	130 克
糖粉	100 克
盐	5 克
柠檬皮碎	10 克
柠檬汁	20 毫升

做法

1. 往案板上倒上低筋面粉和盐，用刮板拌匀，开窝。
2. 倒入糖粉、软化的黄油，拌匀。
3. 加入柠檬皮碎和柠檬汁，刮入低筋面粉，混合均匀。
4. 将混合物搓揉成光滑的面团。
5. 逐一取适量面团，稍微揉圆。
6. 将揉好的小面团放入垫有烘焙纸的烤盘上，按压一下，制成圆饼生坯，将剩余的面团依次制成饼坯。
7. 将烤盘放入预热好的烤箱中，以上、下火 160℃的温度烤 15 分钟至熟。
8. 取出烤盘，将烤好的饼干装盘即可。

制作步骤

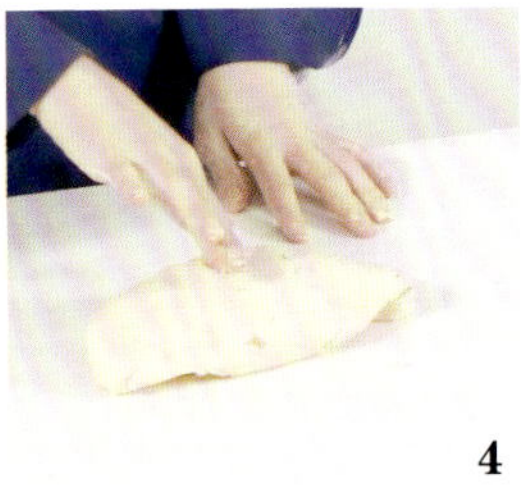

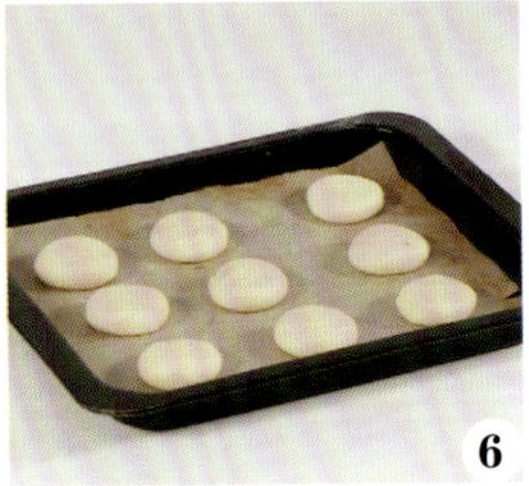

第四章

花样繁多的压模饼干

饼干除了有多种口味，还可以有无数种造型。对于一些新颖复杂的造型，新手不容易上手，那么能解放双手的压模饼干就可以帮你轻松做出好看的饼干。

数字饼干

10分钟

材料

黄油	240 克
糖粉	200 克
全蛋液	100 克
低筋面粉	400 克
高筋面粉	100 克

做法

1. 将软化的黄油倒入碗中，用电动搅拌器搅拌。
2. 加入糖粉，搅拌均匀，倒入全蛋液，快速搅拌均匀。
3. 分别将低筋面粉、高筋面粉过筛至碗中，拌匀，制成面糊。
4. 将面糊倒在操作台上，压拌均匀，制成面团。
5. 把面团揉搓成长条状，对半切开。
6. 取其中一半面团，铺上保鲜膜，包好，并用手压扁，放入冰箱，冷藏 30 分钟。
7. 从冰箱中取出面团，撕开保鲜膜。
8. 在操作台上撒适量的低筋面粉（材料外），放上面团，按压片刻。
9. 依次将数字符号模具放在面团上，按压一下，取出。
10. 将面团脱模，放入烤盘。
11. 烤箱预热好，温度调成上、下火都为 170℃，放入烤盘烤 10 分钟。
12. 取出烤盘，将烤好的数字饼干装入盘中即可。另一半面团可按照以上方法做成饼干。

制作步骤

草莓果酱饼干

15 分钟

材料

黄油	100 克
糖粉	60 克
蛋清	30 克
低筋面粉	150 克
草莓果酱	适量

制作步骤

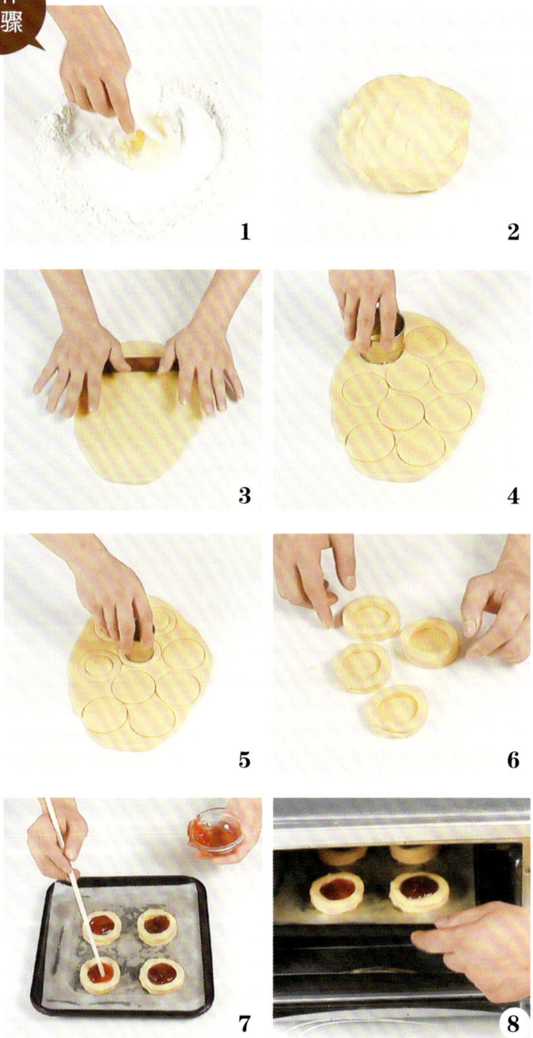

做法

1. 将低筋面粉倒在案台上，用刮板开窝，倒入糖粉、蛋清，搅拌均匀。
2. 加入软化的黄油，刮入面粉，混合均匀，再揉搓成光滑的面团。
3. 用擀面杖把面团擀成光滑的面皮。
4. 用较大的圆形模具在面皮上压出圆形面皮。
5. 用较小的圆形模具在一半大圆形面皮上压出环状面皮。
6. 去掉边角料，把环状面皮放在圆形面皮上，制成生坯。
7. 把生坯放入铺有不粘油布的烤盘里，加入适量草莓果酱。
8. 将生坯放入预热好的烤箱里，以上、下火 170℃烤 15 分钟至熟，取出即可。

心心相印饼干

10 分钟

材料

低筋面粉	250 克
黄油	50 克
细砂糖	25 克
鸡蛋	1 个
蜂蜜	35 克
糖粉	120 克

做法

1. 将低筋面粉倒在操作台上，用刮板开窝。
2. 窝中倒入糖粉、打散的鸡蛋、细砂糖、蜂蜜，拌匀，盖上周边的低筋面粉，按压、揉匀。
3. 加入软化的黄油，按压、揉匀，制成面团，用保鲜膜包好，放入冰箱冷藏 1 小时。
4. 取出冷藏好的面团，放在操作台上，用擀面杖擀成厚约 0.3 厘米的薄面片。
5. 用心形模具在擀好的面片上压制出饼干生坯。
6. 将生坯放在烤盘上，放入预热好的烤箱中层，以上、下火 170℃烤 10 分钟至熟即可。

牛奶圆饼

20 分钟

材料

低筋面粉	150 克
糖粉	40 克
蛋清	15 克
黄油	25 克
牛奶	50 毫升

做法

1. 将软化的黄油倒入碗中，加入糖粉，用电动搅拌器打发至呈乳白色。
2. 加入蛋清，搅拌均匀。
3. 放入牛奶，拌制片刻，倒入低筋面粉，充分混匀制成面团。
4. 将面团取出，放在案台上，擀成面皮。
5. 用圆形模具在面皮上压制出生坯，放入烤盘。
6. 将烤盘放入预热好的烤箱内，上、下火均调为 150℃，烤 20 分钟即可。

奶香苏打饼干

15 分钟

材料

低筋面粉	100 克
小苏打	2 克
盐	2 克
三花淡奶	60 毫升
酵母	2 克

做法

1. 往案台上倒上低筋面粉、盐、小苏打、酵母，用刮板拌匀，开窝。
2. 倒入三花淡奶，稍稍拌匀，刮入面粉，混合均匀。
3. 将混合物搓揉成一个光滑的面团。
4. 用擀面杖将面团均匀擀薄成面皮。
5. 用饼干模具在面皮上按压出数个饼干生坯。
6. 烤盘垫一层烘焙纸，将饼干生坯放在烤盘里。
7. 将烤盘放入预热好的烤箱中，以上、下火 160℃烤 15 分钟至熟。
8. 取出烤盘，将烤好的饼干装篮即可。

制作步骤

1

2

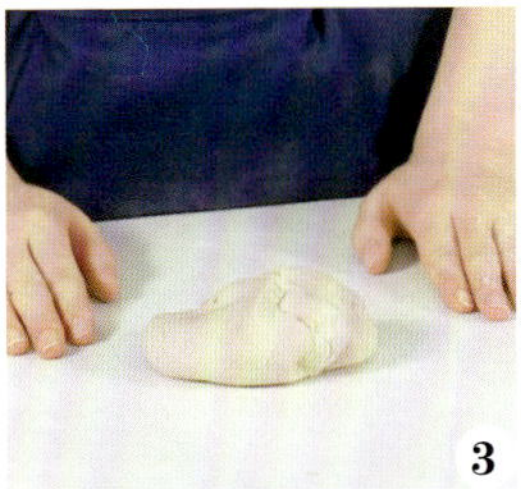
3

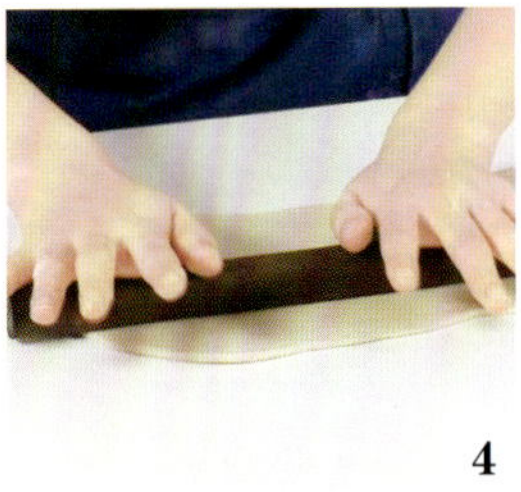
4

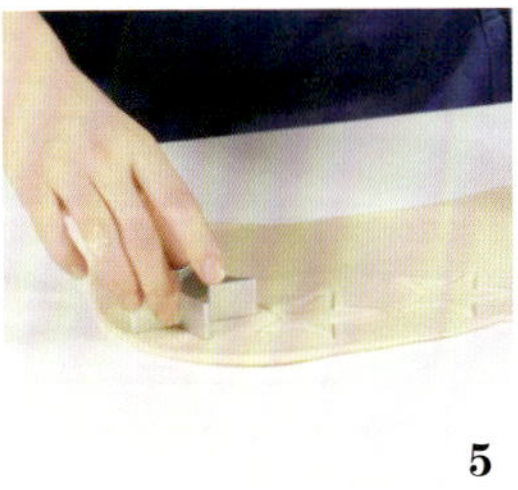
5

6

7

8

鸡蛋黄油饼干

15 分钟

材料

低筋面粉	100 克
黄油	30 克
糖粉	20 克
小苏打	2 克
蛋清	20 克
盐	2 克
黑芝麻	适量
白芝麻	适量

做法

1. 将低筋面粉倒在案台上，用刮板开窝。
2. 倒入软化的黄油、糖粉、蛋清，稍加搅拌。
3. 刮入面粉，混匀，再加入小苏打、盐、黑芝麻、白芝麻，揉成面团。
4. 用擀面杖把面团擀成面皮。
5. 用模具在面皮上压出数个饼干生坯。
6. 去掉边角料，把生坯放入烤盘里。
7. 把烤盘放入预热好的烤箱中，上、下火均调至150℃，烤 15 分钟至熟，取出即可。

香葱苏打饼干

15 分钟

材料

黄油	30 克
酵母	4 克
低筋面粉	165 克
牛奶	90 毫升
小苏打	1 克
葱花	1 克
白芝麻	适量

做法

1. 把低筋面粉倒在案台上，用刮板开窝，倒入酵母，刮匀，加入白芝麻、小苏打，倒入牛奶，将材料混合，揉搓均匀。
2. 加入软化的黄油，揉匀，放入葱花，揉搓均匀。
3. 用擀面杖把面团擀成约 0.3 厘米厚的面皮，用模具压出数个饼干生坯。
4. 把饼干生坯放入烤盘中，用叉子在饼干生坯上扎一些小孔。
5. 将烤盘放入预热好的烤箱中，以上、下火 170℃烤 15 分钟至熟。
6. 取出烤盘即可。

牛奶星星饼干

15 分钟

材料

低筋面粉	100 克
牛奶	30 毫升
奶粉	15 克
黄油	80 克
糖粉	50 克

做法

1. 往案台上倒上低筋面粉、奶粉，用刮板拌匀，开窝。
2. 倒入糖粉、软化的黄油，拌匀。
3. 加入牛奶，混合均匀。
4. 刮入面粉，混匀。
5. 将混合物搓揉成一个光滑的面团。
6. 案台上撒少许低筋面粉（材料外），按压一下面团，用擀面杖将面团擀成约 0.5 厘米厚的面饼。
7. 用星星模具在面饼上按压出数个星星形状的饼坯。
8. 将星星饼坯装入烤盘，放入预热好的烤箱，以上、下火 160℃烤 15 分钟，取出即可。

制作步骤

1

2

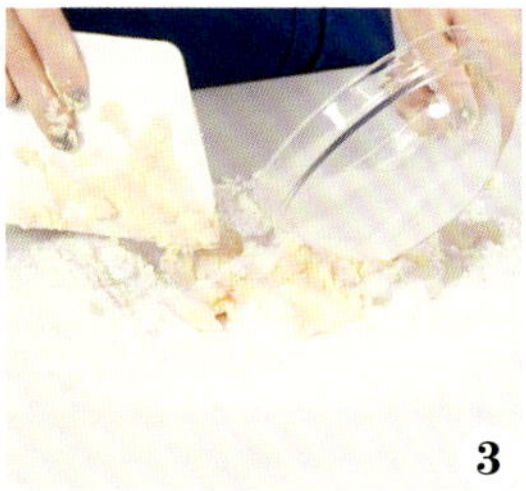
3

4

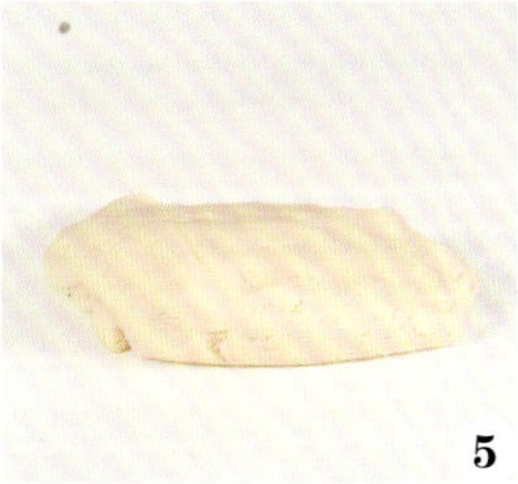
5

6

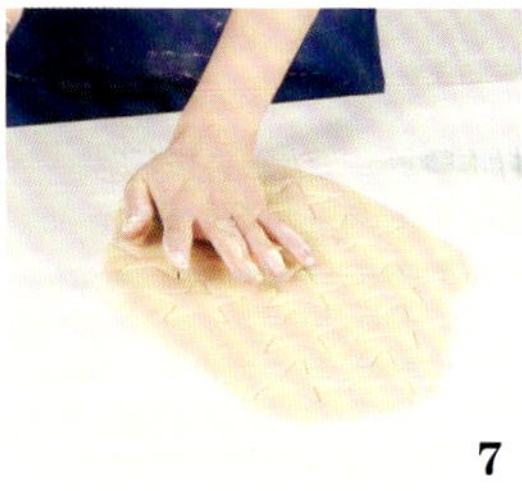
7

8

巧克力牛奶饼

15 分钟

材料

黄油	100 克
糖粉	60 克
蛋清	20 克
低筋面粉	180 克
可可粉	20 克
奶粉	20 克
黑巧克力液	适量
白巧克力液	适量
白奶油	50 克
牛奶	40 毫升

做法

1. 将低筋面粉、奶粉、可可粉倒在操作台上。
2. 用刮板开窝，倒入蛋清、糖粉、软化的黄油，揉成团。
3. 用擀面杖将面团擀平，用圆形压模压出生坯，放入预热好的烤箱，以上、下火 170℃烤 15 分钟。
4. 白奶油加牛奶用电动搅拌器打发均匀，装入裱花袋。
5. 白巧克力液装入裱花袋。
6. 烤好的饼干放在烘焙纸上，取其中一块饼干，在表面挤上奶油馅，再取另一块饼干蘸上黑巧克力液，然后盖在挤了馅的饼干上，再挤上白巧克力液，用牙签画出花纹；依次完成剩余的饼干即可。

圣诞姜饼人

10 分钟

材料

低筋面粉	250 克
黄油	50 克
水	30 毫升
红糖	25 克
糖粉	120 克
蜂蜜	60 克
蛋黄	25 克
姜粉	5 克
蛋清	10 克

做法

1. 将软化的黄油、50 克糖粉、红糖、蜂蜜、姜粉用电动搅拌器打发均匀。
2. 加入低筋面粉，打发均匀，倒在操作台上，揉成团。
3. 用擀面杖将面团擀成面皮，放上人形模具，按压，制成饼干生坯，放入烤盘。
4. 蛋黄打散加水混匀，刷在饼干生坯上，放入预热好的烤箱，以上、下火 170℃烤 10 分钟取出。
5. 将蛋清和 70 克糖粉打发均匀，制成蛋白霜，装入裱花袋，用剪刀剪一个小口，在烤好的饼干上挤上图案即可。

黄油饼干

15 分钟

材料

低筋面粉	100 克
可可粉	10 克
蛋黄	30 克
奶粉	15 克
黄油	85 克
糖粉	50 克

做法

1. 将低筋面粉、可可粉与奶粉倒在案板上，用刮板拌匀，开窝。
2. 加入蛋黄、糖粉，充分搅拌均匀。
3. 倒入软化的黄油，将混合物揉搓成光滑的面团。
4. 用保鲜膜将面团包裹好，放入冰箱冷冻 30 分钟。
5. 取出冻好的面团，撕下保鲜膜。
6. 案板上撒少许低筋面粉（材料外），用擀面杖将冻面团擀成约 0.5 厘米厚的面饼。
7. 用圆形模具在面饼上逐一按压，取出数个圆形生坯。
8. 烤盘上垫一层烘焙纸，放入制作好的圆形生坯。
9. 将烤盘放入预热好的烤箱中，以上 、下火 160℃烤 15 分钟至饼干熟透。
10. 取出烤盘，待其稍微冷却即可。

星星圣诞饼干

10 分钟

材料

低筋面粉	250 克
鸡蛋	1 个
黄油	50 克
细砂糖	25 克
蜂蜜	60 克
糖粉	120 克
姜粉	少量
全蛋液	适量
水	30 毫升

做法

1. 将低筋面粉倒在操作台上，用刮板开窝后，倒入糖粉、鸡蛋、细砂糖、姜粉、蜂蜜，拌匀。
2. 盖上周边的面粉，按压、揉匀。
3. 加入软化的黄油后揉匀成团，盖上保鲜膜，放入冰箱冷藏，松弛 1 小时。
4. 取出松弛好的面团，擀成约 0.5 厘米厚的面片。
5. 用星形模具在面片上按压出星形饼坯，放入烤盘。
6. 将全蛋液与水混合均匀，刷在饼坯上，放入预热好的烤箱，以上、下火 170℃烤 10 分钟，取出即可。

果糖饼干

15 分钟

材料

黄油	100 克
糖粉	70 克
鸡蛋	1 个
低筋面粉	150 克
奶粉	20 克
果糖	适量

做法

1. 将软化的黄油和 60 克糖粉倒入玻璃碗中，用电动搅拌器快速打发。
2. 加入打散的鸡蛋，继续打发均匀。
3. 用筛子将低筋面粉、奶粉过筛到玻璃碗中，拌匀，然后倒在操作台上，揉搓成面团。
4. 用擀面杖将面团擀成约 0.7 厘米厚的片，再用饼干模具在面片上按压出形状。
5. 放上果糖，放入烤盘。
6. 将烤盘放入预热好的烤箱，以上火 180℃、下火 160℃ 烤 15 分钟至熟。
7. 将烤盘取出，筛上剩余糖粉装饰即可。

花式饼干

10 分钟

材料

低筋面粉	110 克
黄油	50 克
全蛋液	25 克
糖粉	40 克
盐	2 克
细砂糖	适量
食用色素	适量
蛋黄液	适量

做法

1. 将软化的黄油倒入玻璃碗中，加入糖粉、盐，用电动搅拌器打发至顺滑。
2. 分三次加入全蛋液，打发均匀。
3. 用筛子将低筋面粉过筛至玻璃碗中，继续打发，制成面糊。
4. 用长柄刮刀将面糊刮到操作台上，揉成团。
5. 用擀面杖把面团擀成薄片，放上圆形模具，按压出饼干生坯。
6. 将饼干生坯放入烤盘，刷上蛋黄液，撒上细砂糖与食用色素。
7. 将烤盘放入预热好的烤箱，以上、下火 175℃烤 10 分钟即可。

蓝莓果酱小饼干

8 分钟

材料

低筋面粉	125 克
蛋清	30 克
杏仁粉	20 克
黄油	45 克
泡打粉	3 克
盐	少许
糖粉	5 克
蓝莓果酱	适量

做法

1. 将软化的黄油、糖粉、蛋清、低筋面粉、盐、泡打粉、杏仁粉用电动搅拌器打发均匀，再倒在操作台上，揉成团。
2. 把面团放入冰箱冷藏 1 小时后取出，用擀面杖擀成片，放上圆形波浪纹模具，按压出形状。
3. 取一半按压出圆形波浪纹形状的面片，用心形模具在中间部位按压出心形。
4. 在这两种面片中间放上蓝莓果酱后压紧，放入烤盘。
5. 将烤盘放入预热好的烤箱，以上、下火 180℃烤 8 分钟，取出撒糖粉即可。

小西饼

 15 分钟

材料

黄油	100 克
糖粉	60 克
鸡蛋	1 个
低筋面粉	150 克
奶粉	20 克
装饰糖粉	适量

做法

1. 将软化的黄油和糖粉倒入玻璃碗中，用电动搅拌器打发均匀，加入打散的鸡蛋，继续打发。
2. 用筛子将低筋面粉、奶粉过筛至玻璃碗中，打发均匀，制成面团。
3. 用擀面杖将面团擀成面片，用饼干模具在面片上按压，制成小西饼生坯。
4. 将小西饼生坯放入烤盘，中间间隔一定距离。
5. 将烤盘放入预热好的烤箱，以上火 180℃、下火 160℃烤 15 分钟。
6. 从烤箱中取出烤好的小西饼，放凉，在其表面过筛适量糖粉装饰即可。

爱心苏打饼干

10 分钟

材料

低筋面粉	250 克
鸡蛋	1 个
黄油	50 克
细砂糖	25 克
蜂蜜	35 克
糖粉	120 克

做法

1. 将低筋面粉倒在操作台上，用刮板开窝。
2. 在粉窝中倒入糖粉、打散的鸡蛋、细砂糖与蜂蜜拌匀，盖上周边的面粉，按压揉匀。
3. 加入软化的黄油，揉匀成团，用保鲜膜包好放进冰箱冷藏松弛 1 小时。
4. 将松弛好的面团放在操作台上，用擀面杖擀成厚约 0.3 厘米的薄片。
5. 撕掉保鲜膜，用心形模具在面片上刻出饼干生坯。
6. 将饼干生坯放在烤盘上，放入预热好的烤箱中层。
7. 烤箱温度调成上火、下火都为 170℃，烤 10 分钟至熟，取出即可。

迷你肉松饼干

20 分钟

材料

低筋面粉	100 克
蛋黄液	20 克
肉松	20 克
黄油	50 克
糖粉	40 克
蛋黄	30 克

做法

1. 将软化的黄油加入糖粉，用电动搅拌器打发好。
2. 分次加入蛋黄及过筛后的低筋面粉，继续打发均匀，并揉成团。
3. 将面团分成数个小面团，捏成圆片形，包入肉松，收口，揉成团，放入烤盘。
4. 用花形模具在面团上按压，使其呈现边纹，制成饼干生坯。
5. 在饼干生坯上刷蛋黄液，放入烤盘。
6. 将烤盘放入预热好的烤箱中，温度调成上、下火都为 180℃，烤 20 分钟至呈金黄色，取出即可。

巧克力花式酥饼

 15 分钟

材料

黄油	100 克
糖粉	60 克
鸡蛋	1 个
低筋面粉	150 克
奶粉	20 克
白巧克力液	适量

做法

1. 将软化的黄油、糖粉、打散的鸡蛋倒入玻璃碗中，用电动搅拌器打发均匀。
2. 用筛子将低筋面粉、奶粉过筛至玻璃碗中，继续打发均匀，制成面糊。
3. 将面糊倒在操作台上，揉匀成面团。
4. 用擀面杖把面团擀压成面片，再用饼干模具在面片上压出形状，即成花式酥饼生坯。
5. 将花式酥饼生坯放入烤盘中，再放入预热好的烤箱，温度调为上火 180℃、下火 160℃，烤 15 分钟至熟。
6. 取出烤好的酥饼，放凉，沾上白巧克力液即可。

牛奶块

 20分钟

材料

黄油	70 克
奶粉	60 克
蛋清	30 克
牛奶	20 毫升
中筋面粉	250 克
盐	1 克
糖粉	85 克
泡打粉	2 克

做法

1. 依次将中筋面粉、泡打粉、奶粉倒在操作台上，用刮板开窝。
2. 往粉窝中倒入蛋清、牛奶、盐、糖粉，搅拌均匀。
3. 将周边的粉末往中间覆盖，再加入软化的黄油，按压、揉匀，制成面团。
4. 用擀面杖把面团擀成片状，盖上保鲜膜，放入冰箱冷藏 30 分钟。
5. 取出冷藏好的面片，用长方形模具在面片上按压，制成饼干生坯，再用叉子在其表面上戳些小孔，然后放入烤盘。
6. 将烤盘放入预热好的烤箱，以上、下火 170℃烤 20 分钟即可。

第五章

随意造型的挤花饼干

挤花饼干造型多变，可以根据你自己的心情和喜好，随意变化造型，让饼干的造型具有更多的可能性。

奶香曲奇

15 分钟

材料

黄油	75 克
糖粉	20 克
蛋黄	15 克
细砂糖	14 克
淡奶油	15 克
低筋面粉	80 克
奶粉	30 克
玉米淀粉	10 克

做法

1. 取玻璃碗，加入糖粉、软化的黄油，用电动搅拌器搅拌均匀。
2. 至其呈乳白色后加入蛋黄，继续搅拌。
3. 依次加入细砂糖、淡奶油、玉米淀粉、奶粉、低筋面粉，充分拌匀。
4. 用长柄刮刀将搅拌均匀的材料再搅拌片刻。
5. 将裱花嘴装入裱花袋，并剪开一个小洞，用刮板将拌好的面糊装入裱花袋中。
6. 在烤盘上铺一张不粘油布，将裱花袋中的材料挤在烤盘上，挤成长条形。
7. 将烤盘放入预热好的烤箱。
8. 以上火 180℃、下火 150℃烤 15 分钟至熟即可。

制作步骤

1

2

3

4

5

6

7

8

罗蜜雅饼干

15 分钟

材料

饼皮：

黄油	80 克
糖粉	50 克
蛋黄	15 克
低筋面粉	135 克

馅料：

糖浆	30 克
黄油	15 克
杏仁片	适量

做法

1. 将 80 克软化的黄油倒入玻璃碗中，加入糖粉，用电动搅拌器搅匀。
2. 加入蛋黄，快速搅匀。
3. 倒入低筋面粉，用长柄刮刀搅拌均匀，制成面糊。
4. 把面糊装入套有裱花嘴的裱花袋里，待用。
5. 将 15 克软化的黄油、杏仁片、糖浆倒入碗中，用三角铁板拌匀，制成馅料。
6. 把馅料装入裱花袋里，置于一旁备用。
7. 将面糊挤在铺有不粘油布的烤盘里。
8. 把所有面糊挤入烤盘里，制成饼坯。
9. 用三角铁板将饼坯中间部位压平，挤上适量馅料。
10. 把烤盘放入预热好的烤箱里，以上火 180 ℃、下火 150℃烤 15 分钟至熟。
11. 取出烤好的饼干装入盘中即可。

制作步骤

黄油曲奇

17 分钟

材料

黄油	130 克
细砂糖	35 克
糖粉	65 克
香草粉	5 克
低筋面粉	200 克
鸡蛋	1 个

做法

1. 取一个玻璃碗，放入糖粉、软化的黄油，用电动搅拌器打发至呈乳白色。
2. 倒入打散的鸡蛋，继续搅拌均匀，再加入细砂糖，搅拌均匀。
3. 加入香草粉、低筋面粉，搅拌均匀。
4. 用长柄刮刀将材料搅拌片刻；撑开裱花袋，装入裱花嘴，剪开一个小洞。
5. 用刮板将拌好的材料装入裱花袋中。
6. 在烤盘上铺上一张不粘油布，将裱花袋中的材料挤在烤盘上，挤出自己喜欢的形状。
7. 预热烤箱，将装有饼坯的烤盘放入。
8. 将上火调至 180℃、下火调至 160℃，烤 17 分钟使其成型变熟，取出即可。

制作步骤

1

2

3

4

5

6

7

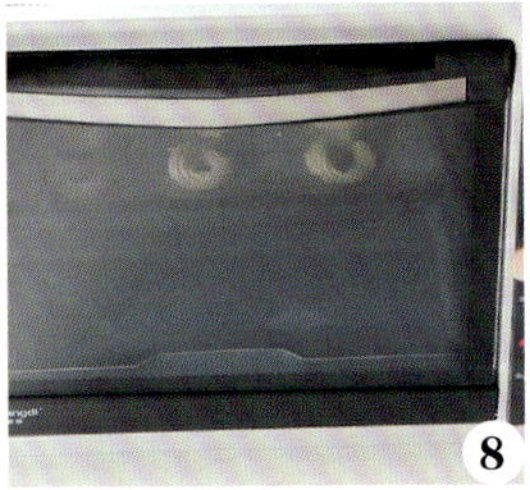
8

曲奇饼

15分钟

材料

黄油	100 克
色拉油	100 毫升
糖粉	125 克
水	37 毫升
鸡蛋	1 个
低筋面粉	300 克
黑巧克力液	50 毫升

做法

1. 将软化的黄油、糖粉、一半色拉油倒入玻璃碗中，用电动搅拌器打发均匀。
2. 倒入剩余色拉油，打发至呈白色，加入打散的鸡蛋，打发均匀。
3. 用筛子将低筋面粉过筛至碗中，注水打发成面糊。
4. 将裱花嘴装入裱花袋，接着装入拌好的面糊，再在袋底剪出一个小孔，将面糊挤在铺有锡纸的烤盘上，挤成各种花式。
5. 将烤盘放入预热好的烤箱，以上火 180℃、下火 150℃烤 15 分钟，取出放凉。
6. 把黑巧克力液粘到饼干上，稍干后装盘即可。

樱桃曲奇

25 分钟

材料

黄油	138 克
糖粉	100 克
盐	2 克
鸡蛋	2 个
低筋面粉	150 克
高筋面粉	125 克
吉士粉	13 克
红樱桃	适量

做法

1. 把软化的黄油、糖粉、盐倒在玻璃碗中，用电动搅拌器先慢后快打至呈奶白色，然后分次加入鸡蛋，继续打发拌匀。
2. 依次加入吉士粉、低筋面粉、高筋面粉，用手动搅拌器完全搅拌均匀，至无粉粒状，制成面糊。
3. 把裱花嘴装入裱花袋内，将面糊装入裱花袋中，用剪刀在裱花袋尖端剪一个小口，在烤盘上以画圆圈的方式，挤入大小均匀的面糊，在面糊中间放上切成粒状的红樱桃，制成樱桃曲奇生坯。
4. 将烤盘放入预热好的烤箱，以上、下火 160℃烤 25 分钟，至完全熟透，从烤箱中取出烤盘，将烤好的曲奇装入盘中，冷却即可。

罗曼咖啡曲奇

10 分钟

材料

黄油	62 克
糖粉	50 克
蛋清	22 克
咖啡粉	5 克
开水	5 毫升
香草粉	5 克
杏仁粉	35 克
低筋面粉	80 克

做法

1. 将糖粉、软化的黄油倒入玻璃碗中，用电动搅拌器快速拌匀。
2. 倒入蛋清，快速搅拌均匀，至食材融合在一起，待用。
3. 将开水注入咖啡粉中，晃动几下，至咖啡粉完全溶化，制成咖啡液，待用。
4. 玻璃碗中再加入调好的咖啡液，快速拌匀。
5. 依次倒入香草粉、杏仁粉、低筋面粉，拌匀至材料呈细腻的面糊状。
6. 将裱花嘴装入裱花袋，接着装入拌好的面糊，再在袋底剪出一个小孔。
7. 烤盘中垫上一张大小适合的不粘油布，挤入适量面糊，制成数个曲奇生坯。
8. 烤箱预热，放入烤盘，以上火 180℃、下火 160℃烤 10 分钟，取出即可。

制作步骤

1

2

3

4

5

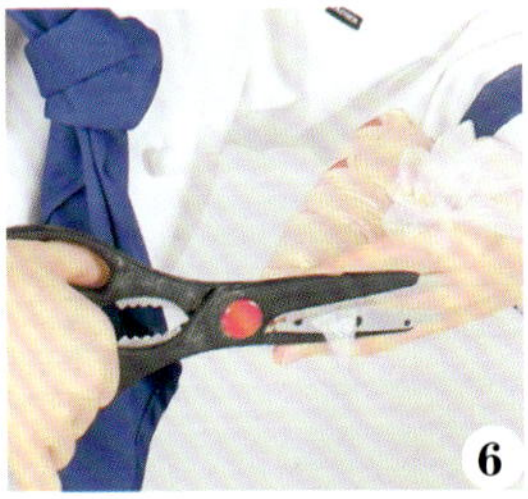
6

7

8

奶油曲奇

10分钟

材料

低筋面粉	200克
糖粉	90克
鸡蛋	1个
黄油	135克
植物鲜奶油	适量

做法

1. 将软化的黄油、糖粉倒入玻璃碗中，用电动搅拌器打至顺滑；分次加入打散的鸡蛋，且每一次都要打到材料完全融合，黄油发白。
2. 将低筋面粉过筛至玻璃碗中，继续打发至面粉全部湿润，制成面糊。
3. 用长柄刮刀把面糊装入套有裱花嘴的裱花袋中，在袋底剪一个小口；在烤盘铺一层烘焙纸，并挤入空心圆形状的面糊，再放入预热好的烤箱，把烤箱温度调成上、下火都为170℃，烤10分钟至饼干上色。
4. 取出烤好的饼干，在一块饼干上放上植物鲜奶油，盖上另一块饼干压紧，依此方法完成剩余的饼干即可。

杏仁奶香曲奇

15 分钟

材料

黄油	130 克
低筋面粉	200 克
细砂糖	35 克
全蛋液	50 克
糖粉	65 克
杏仁粒	适量

做法

1. 细砂糖和糖粉分次加入软化的黄油中，用电动搅拌器打至发白，加入全蛋液，再次打匀。
2. 分次加入低筋面粉，充分搅拌均匀，制成面糊。
3. 将拌好的面糊装入套有裱花嘴的裱花袋内，在袋底剪一个小口。
4. 将面糊逐一挤在烤盘上，并在面糊中间摆上杏仁粒。
5. 将烤盘放入预热好的烤箱内，以上、下火 170℃烤 15 分钟至熟，取出即可。

奶酥饼

15 分钟

材料

黄油	120 克
盐	3 克
蛋黄	40 克
低筋面粉	180 克
糖粉	60 克

做法

1. 将软化的黄油倒入玻璃碗中，加入盐、糖粉，用电动搅拌器快速搅匀。
2. 分次加入蛋黄，搅拌均匀。
3. 将低筋面粉过筛至碗中，用长柄刮刀拌匀，制成面糊。
4. 把面糊装入套有裱花嘴的裱花袋里，剪开一个小口。
5. 以画圈的方式把面糊挤在铺有不粘油布的烤盘里，制成饼坯。
6. 预热烤箱，把放有饼坯的烤盘放入烤箱里。
7. 以上、下火 170℃烤 15 分钟。
8. 取出烤好的饼干即可。

制作步骤

1

2

3

4

5

6

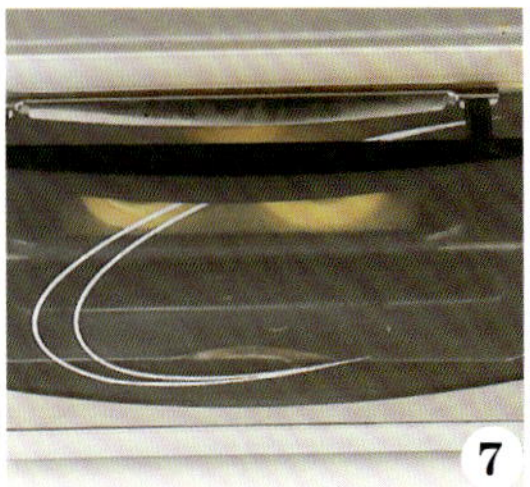
7

8

蛋黄小饼干

15 分钟

材料

低筋面粉	90 克
鸡蛋	1 个
蛋黄	1 个
细砂糖	50 克
泡打粉	2 克
香草粉	2 克

做法

1. 把低筋面粉装入玻璃碗里，加入泡打粉、香草粉，拌匀，倒在案台上，用刮板开窝。
2. 倒入细砂糖，加入打散的鸡蛋、蛋黄，搅拌均匀。
3. 将所有材料混合均匀，和成面糊。
4. 把面糊装入裱花袋中，在袋底剪一个小口。
5. 在烤盘上铺一层不粘油布，挤上适量面糊，挤出数个饼干生坯。
6. 将烤盘放入预热好的烤箱，以上、下火 170℃烤 15 分钟至熟。
7. 取出烤好的饼干，装入盘中即可。

制作步骤

1

2

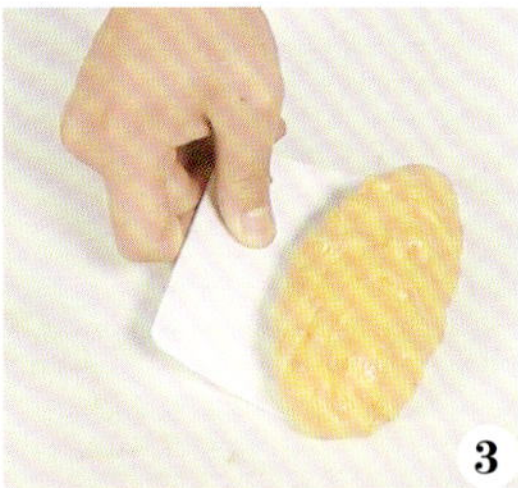
3

4

5

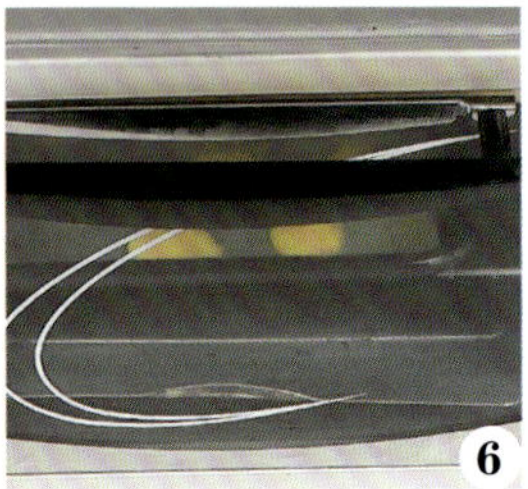
6

7

花生薄饼

20 分钟

材料

低筋面粉	250 克
奶粉	35 克
黄油	120 克
糖粉	85 克
盐	1 克
全蛋液	85 克
牛奶	45 毫升
花生仁碎	适量

做法

1. 将软化的黄油、糖粉倒在案台上，搓匀。
2. 倒入全蛋液，用刮板拌匀。
3. 加入牛奶、低筋面粉搅拌均匀。
4. 加入奶粉、盐，将材料混合均匀。
5. 继续搅拌成糊状，装入裱花袋中，在裱花袋尖端部位剪出一个小口。
6. 把面糊挤在铺有不粘油布的烤盘上。
7. 在面糊上撒上适量花生碎。
8. 将烤盘放入预热好的烤箱，以上、下火 150℃烤 20 分钟至熟。
9. 从烤箱中取出烤盘，将花生薄饼装入盘中即可。

制作步骤

1

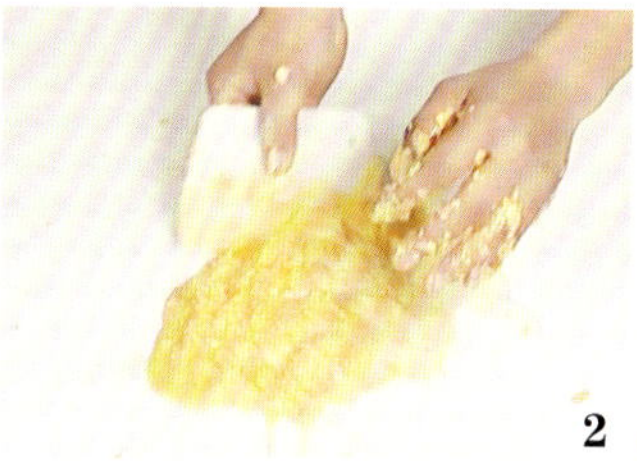
2

3

4

5

6

7

8

9

巧克力腰果曲奇

15分钟

材料

黄油	90克
糖粉	80克
蛋清	60克
低筋面粉	120克
可可粉	15克
盐	1克
腰果仁碎	适量

制作步骤

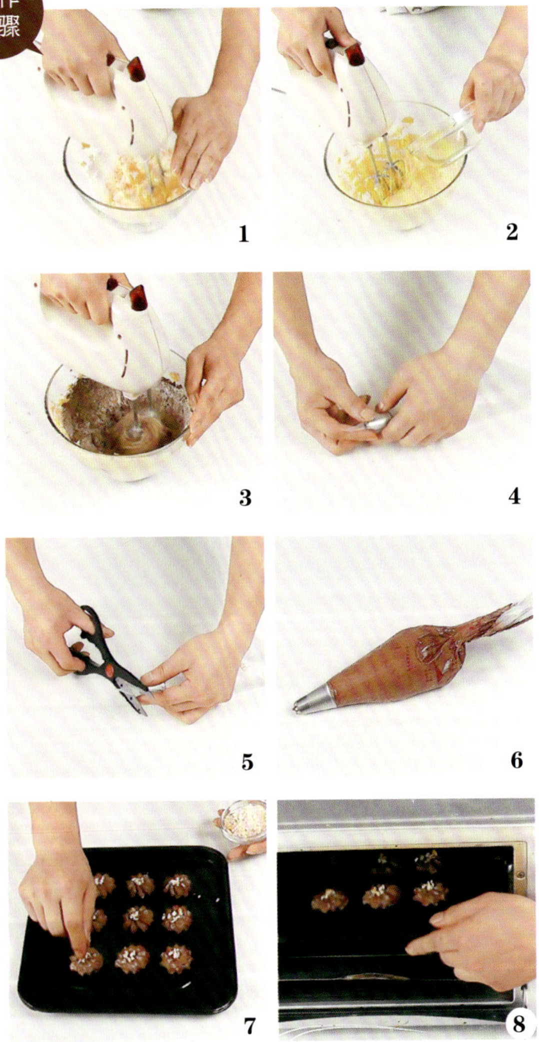

做法

1. 将软化的黄油倒入玻璃碗中，加入糖粉，用电动搅拌器搅匀。
2. 分两次加入蛋清，用电动搅拌器快速打发。
3. 倒入低筋面粉、可可粉，搅匀，加入盐，搅拌均匀。
4. 将裱花嘴装入裱花袋里。
5. 用剪刀在裱花袋尖端部位剪开一个小口。
6. 用长柄刮刀把面糊装入裱花袋里。
7. 将面糊挤在烤盘上，制成数个曲奇生坯，把腰果仁碎放在生坯上。
8. 把烤盘放入预热好的烤箱里，以上、下火150℃烤15分钟至熟，取出即可。

椰奶曲奇

20 分钟

材料

黄油	110 克
糖粉	60 克
椰浆	30 克
杏仁粉	30 克
低筋面粉	100 克
椰蓉	20 克

做法

1. 盆中放入软化的黄油，加入糖粉，混合拌至均匀。
2. 分次加入椰浆，拌至完全透彻。
3. 加入低筋面粉、杏仁粉、椰蓉，拌匀制成面糊。
4. 将面糊装入已套好裱花嘴的裱花袋内，在裱花袋尖端部位剪一个小口，在烤盘上挤出饼干生坯。
5. 将烤盘放入预热好的烤箱，以上、下火 150℃烤 20 分钟至饼干熟透。
6. 取出烤盘，将饼干装入盘中即可。

香葱曲奇

25 分钟

材料

黄油	65 克
糖粉	50 克
液态酥油	45 毫升
水	45 毫升
盐	3 克
鸡精	2.5 克
葱花	3 克
低筋面粉	175 克

做法

1. 用电动搅拌器以先慢后快的速度，将软化的黄油、糖粉、盐打至均匀。
2. 分次加入液态酥油、水，搅拌均匀至无液体状。
3. 加入鸡精、葱花，用刮板拌匀。
4. 加入低筋面粉，拌至无粉粒状，制成面糊。
5. 将面糊装入已套好裱花嘴的裱花袋内，在裱花袋尖端部位剪一个小口，将面糊挤入烤盘，制成大小均匀的香葱曲奇生坯。
6. 将烤盘放入预热好的烤箱中，以上、下火 160℃烤 25 分钟，至饼干完全熟透，取出即可。

草莓酱曲奇

25 分钟

材料

黄油	60 克
糖粉	50 克
液态酥油	40 毫升
水	40 毫升
低筋面粉	170 克
吉士粉	10 克
草莓果酱	适量

做法

1. 把软化的黄油、糖粉混合，用电动搅拌器打至均匀。
2. 分次加入液态酥油、水，搅拌均匀至无液体状。
3. 加入低筋面粉、吉士粉，打至无粉粒状，制成面糊。
4. 将面糊装入已套好裱花嘴的裱花袋内，在裱花袋尖端部位剪一个小口，将面糊挤入烤盘，挤成大小均匀的饼坯。
5. 在饼坯中间挤上草莓果酱作为装饰。
6. 将烤盘放入预热好的烤箱，以上、下火 160℃烤 25 分钟，至饼干完全熟透，取出即可。

猫舌饼

18 分钟

材料

低筋面粉	130 克
黄油	83 克
糖粉	130 克
蛋清	100 克

做法

1. 将软化的黄油、糖粉倒入玻璃碗中，用电动搅拌器打发均匀。
2. 分三次倒入蛋清，搅拌均匀。
3. 放入低筋面粉，继续搅拌成糊状。
4. 将面糊装入套有裱花嘴的裱花袋中。
5. 用剪刀在裱花袋的尖端部位剪开一个小口。
6. 在铺有烘焙纸的烤盘上横向挤入面糊。
7. 将烤盘放入预热好的烤箱，把上、下火均调至 180℃，烤 18 分钟。
8. 烤好后从烤箱中取出烤盘，放置片刻至凉。
9. 将猫舌饼装入盘中即可。

奶黄饼

10 分钟

材料

鸡蛋	2 个
细砂糖	100 克
低筋面粉	100 克
吉士粉	10 克

做法

1. 将鸡蛋打入玻璃碗中，加入细砂糖，用电动搅拌器搅匀。
2. 加入低筋面粉、吉士粉，快速搅匀，搅成光滑的面糊。
3. 把面糊装入裱花袋里。
4. 在裱花袋尖端部位剪开一个小口。
5. 把面糊挤到铺有不粘油布的烤盘里。
6. 将余下的面糊均匀地挤到烤盘里。
7. 把烤盘放入预热好的烤箱里。
8. 以上、下火 150℃烤 10 分钟至熟。
9. 把奶黄饼取出装盘即可。

制作步骤

1

2

3

4

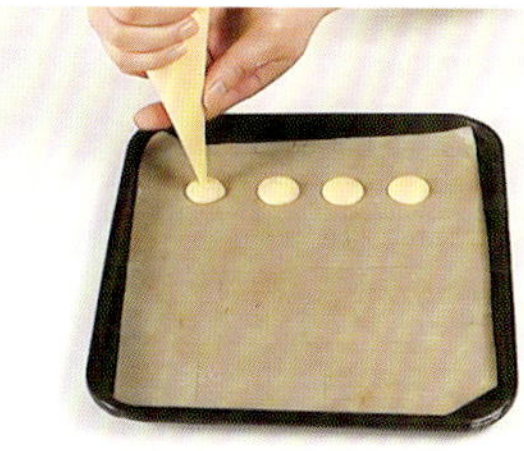
5

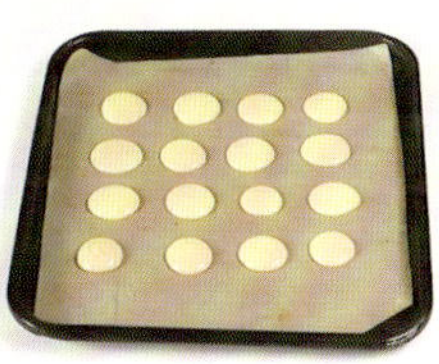
6

7

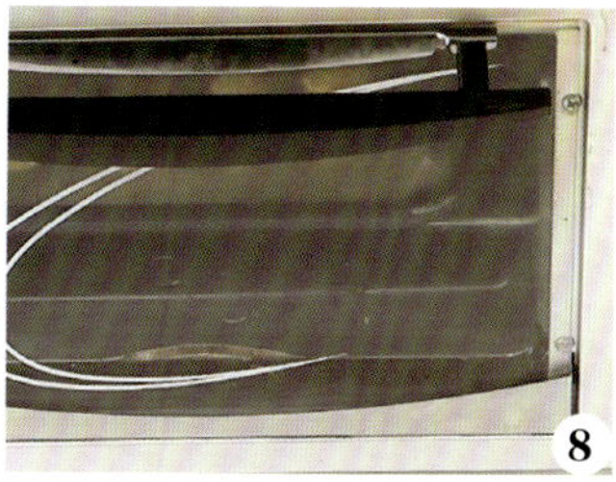
8

9

红茶鸡蛋曲奇

10~15 分钟

材料

鸡蛋	2 个
低筋面粉	60 克
杏仁粉	20 克
伯爵红茶包	1 ~ 2 包
细砂糖	50 克

制作步骤

做法

1. 把蛋黄和蛋清完全分离开来，蛋清加细砂糖。
2. 用搅拌器将蛋清打发。
3. 在打发好的蛋清中加入打散的蛋黄，搅拌均匀。
4. 加入过筛后的低筋面粉、杏仁粉和伯爵红茶粉，搅拌均匀。
5. 将搅拌好的材料装进套有圆形裱花嘴的裱花袋里，用剪刀剪一个小口。
6. 将饼干糊挤入烤盘，挤成心形，放入预热至 170℃的烤箱内烤 10 ~ 15 分钟即可。

抹茶饼干

15 分钟

材料

低筋面粉	60 克
蛋清	40 克
糖粉	50 克
黄油	50 克
抹茶粉	10 克

做法

1. 低筋面粉与抹茶粉混合均匀，待用。
2. 软化的黄油倒入玻璃碗中，加入糖粉，打发至呈乳白色，加入蛋清，搅拌均匀。
3. 加入低筋面粉与抹茶粉的混合物，充分混合均匀，装入裱花袋中，在袋底剪一个小口，在烤盘上逐一挤出饼干生坯。
4. 将烤盘放入预热的烤箱内，以上火 150℃、下火 120℃烤 15 分钟即可。

星星小西饼

20 分钟

材料

黄油	70 克
糖粉	50 克
蛋黄	15 克
低筋面粉	110 克
可可粉	适量

做法

1. 将软化的黄油、糖粉倒入玻璃碗中，用电动搅拌器快速打发均匀。
2. 加入蛋黄，快速打发均匀。
3. 加入低筋面粉，继续用电动搅拌器快速打发均匀。
4. 加入可可粉，快速打发均匀，制成面糊。
5. 将裱花嘴装入裱花袋中，然后倒入面糊，在袋底剪一个小口，慢慢地将面糊挤在垫有不粘油布的烤盘中，并把烤盘放入预热好的烤箱，将温度调成上、下火都为 170℃，烤 20 分钟至饼干呈金黄色。
6. 取出烤好的星星小西饼即可。

手指饼干

10分钟

材料

低筋面粉	95 克
糖粉	适量
蛋清部分：	
细砂糖	30 克
蛋清	105 克
蛋黄部分：	
细砂糖	30 克
蛋黄	3 个

做法

1. 将蛋清倒入玻璃碗中，用电动搅拌器打发。
2. 加入 30 克细砂糖，打至六成发，即成蛋清部分。
3. 另取一个玻璃碗，加入蛋黄、30 克细砂糖，快速打发均匀，即成蛋黄部分。
4. 用筛子将低筋面粉过筛至蛋清部分中，用长柄刮刀搅拌均匀。
5. 将一半的蛋清部分倒入蛋黄部分中，搅拌均匀。
6. 倒入剩下的蛋清部分，搅拌均匀。
7. 把面糊装入裱花袋中，用剪刀在裱花袋尖端部位剪一个小口。
8. 在铺有不粘油布的烤盘上挤入面糊，呈长条状生坯。
9. 用筛子将糖粉过筛至饼干生坯上。
10. 预热烤箱，把上、下火均调为 160℃。
11. 将烤盘放入预热好的烤箱，烤 10 分钟至其熟透即可。

制作步骤

椰蓉小点

15 分钟

材料

椰蓉	8 克
低筋面粉	100 克
全蛋液	80 克
细砂糖	80 克
泡打粉	1 克
黄油	90 克

做法

1. 低筋面粉内加入泡打粉，搅拌均匀，待用；软化的黄油倒入玻璃碗中，用电动搅拌器打散。
2. 加入细砂糖，搅拌均匀，分次加入全蛋液，充分搅拌均匀。
3. 分次倒入低筋面粉，搅拌均匀成面糊，装入裱花袋中，在袋底剪一个小口。
4. 在烤盘上挤上生坯，撒上椰蓉。
5. 将烤盘放入预热好的烤箱内，以上火 150℃、下火 120℃烤 15 分钟至熟，取出即可。

抹茶曲奇

20 分钟

材料

低筋面粉	200 克
黄油	145 克
细砂糖	30 克
糖粉	70 克
全蛋液	50 克
牛奶	50 毫升
抹茶粉	8 克
盐	适量

做法

1. 把软化的黄油和糖粉倒入玻璃碗中，用电动搅拌器不断搅拌，将黄油打发至体积膨胀、颜色稍微变浅的状态。
2. 将全蛋液分 2 次或 3 次加入黄油中，并且搅拌均匀。
3. 加入牛奶搅拌均匀，再倒入盐搅拌。
4. 把低筋面粉、抹茶粉和细砂糖拌匀后倒入黄油糊中继续进行搅拌，制成曲奇面糊。
5. 用长柄刮刀将面糊装入套有裱花嘴的裱花袋中，在袋底剪一个小口，再将曲奇面糊挤在垫好烘焙纸的烤盘上。
6. 将烤盘放入预热好的烤箱中，以上火 170℃、下火 150℃烤 20 分钟，表面呈现焦脆状即可出炉。

椰丝小饼

10~15 分钟

材料

低筋面粉	50 克
黄油	90 克
全蛋液	30 克
糖粉	50 克
椰丝末	80 克

制作步骤

1

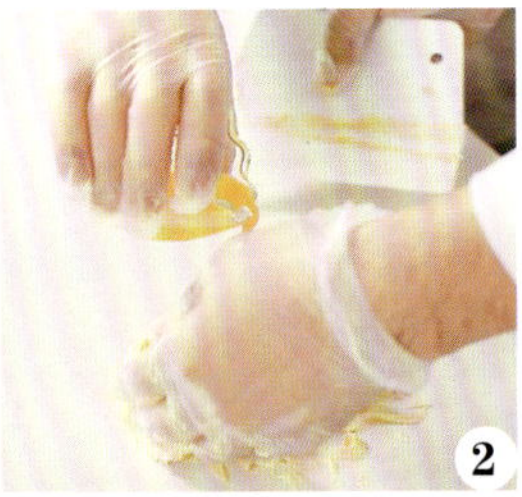
2

3

4

5

6

7

做法

1. 将软化的黄油倒在案台上，倒入糖粉用长柄刮刀充分和匀。
2. 倒入全蛋液、低筋面粉、椰丝末，然后用刮板充分搅拌均匀。
3. 将和好的面糊装入套有裱花嘴的裱花袋中，在袋底剪一个小口。
4. 将面糊以画圈的方式挤在铺好烘焙纸的烤盘上。
5. 烤箱通电后，将上火温度调至 180℃，下火温度调至 130℃进行预热。
6. 将烤盘放入预热好的烤箱中，烤 10 ~ 15 分钟至饼干表面呈金黄色。
7. 取出烤盘，将烤好的饼干摆放在盘中即可。

杏仁奇脆饼

15 分钟

材料

黄油	90 克
低筋面粉	110 克
糖粉	90 克
蛋清	50 克
杏仁片	适量

做法

1. 将软化的黄油倒入玻璃碗中，加入糖粉，用电动搅拌器搅拌均匀。
2. 加入蛋清，边倒边搅拌均匀。
3. 加入低筋面粉，用长柄刮刀拌成糊状。
4. 把面糊装入裱花袋里。
5. 将裱花袋尖端部位剪开一个小口。
6. 将面糊挤在铺有不粘油布的烤盘里。
7. 在面糊上撒上适量杏仁片。
8. 将烤盘放入预热好的烤箱里，以上火 190℃、下火 140℃烤 15 分钟。
9. 把烤好的饼干取出，装入盘中即可。

制作步骤

1

2

3

4

5

6

7

8

9

第六章

自由创意的造型饼干

我们可以把烘焙当作艺术创作，任何有关造型的想法都可以在这里实现，突破传统饼干制作的局限，只要你想得到，就可以做出任何你想要的饼干。

意大利杏仁脆饼

15 分钟

材料

面糊：

杏仁粉	100 克
黄油	70 克
细砂糖	40 克
全蛋液	50 克
蛋黄	50 克
低筋面粉	35 克
可可粉	15 克
盐	2 克
杏仁片	80 克

蛋白霜：

蛋清	50 克
柠檬汁	1 毫升
细砂糖	40 克

做法

1. 将软化的黄油和 40 克细砂糖倒入玻璃碗中搅拌均匀。
2. 加入全蛋液拌匀，然后倒入蛋黄进行搅拌，再倒入盐进行搅拌。
3. 加入低筋面粉搅拌，再加入杏仁粉搅拌。
4. 加入可可粉进行搅拌，然后加入 70 克杏仁片拌匀后静置待用。
5. 把蛋清和 40 克细砂糖倒入另一个玻璃碗中，用电动搅拌器打出一些泡沫，然后加入柠檬汁打出尾端挺立的蛋白霜。
6. 把打好的蛋白霜大致分成两半，将一半分量的蛋白霜混入面糊中，用长柄刮刀沿着碗边以翻转及切拌的方式拌匀，再将剩下的蛋白霜倒入面糊中混合均匀。
7. 将拌好的面糊倒入模具中，然后把剩余的杏仁片均匀撒在面糊上。
8. 将面糊放入已经预热好的烤箱中，以上火 180℃、下火 160℃烤 10 分钟。
9. 把烤至半干状态的饼干取出，稍微放凉后切成块状。
10. 将切好的饼干切面朝上放入铺有烘焙纸的烤盘，饼干之间留些空隙。
11. 将切好的饼干再度放入烤箱烤 5 分钟，至完全干燥即可。

制作步骤

巧克力脆棒

18 分钟

材料

黄油	75 克
细砂糖	50 克
鸡蛋	1 个
低筋面粉	110 克
可可粉	10 克
泡打粉	1 克
巧克力豆	25 克

做法

1. 用长柄刮刀将软化的黄油刮入玻璃碗中，然后加入细砂糖拌匀。
2. 将鸡蛋打散后加入黄油中，搅拌至呈乳膏状，再加入低筋面粉。
3. 将面糊翻拌均匀后加入可可粉拌匀，接着再倒入泡打粉进行搅拌。
4. 加入巧克力豆拌匀，制成面团。
5. 将面团揉成长条状，放在砧板上，然后用刮板按压成长方块。
6. 将制好的长方块面团放入冰箱冷冻 20 分钟。
7. 取出变硬的面团，切成厚片状，排放在垫有烘焙纸的烤盘上，中间预留空隙。
8. 将烤盘放入预热好的烤箱中，以上火 180℃、下火 160℃烤 18 分钟即可。

制作步骤

黄金芝士苏打饼干

15 分钟

材料

油皮部分：

低筋面粉	200 克
纯净水	100 毫升
色拉油	40 毫升
酵母	3 克
小苏打	2 克
芝士	10 克

油心部分：

低筋面粉	60 克
色拉油	22 毫升

做法

1. 将 200 克低筋面粉、酵母、小苏打倒在案台上，用刮板拌匀，开窝。
2. 加入 40 毫升色拉油、纯净水、芝士，稍稍拌匀。
3. 刮入低筋面粉，混合均匀，将混合物搓揉光滑，即成油皮面团。
4. 将 60 克低筋面粉倒在案台上，用刮板开窝，加入 22 毫升色拉油。
5. 刮入面粉，将其搓揉光滑，即成油心面团。
6. 往案板上撒少许低筋面粉（材料外），放上油皮面团，用擀面杖将其均匀擀薄至呈面饼状。
7. 将油心面团用手按压一下，放在油皮面饼一端。
8. 将面饼另一端盖住油心面团，并用手压紧面饼四周。
9. 用擀面杖将裹有油心的面饼擀薄。
10. 将擀薄的饼坯两端往中间对折，再用擀面杖擀薄。
11. 用饼干模具按压饼坯，取出数个饼干生坯。
12. 将饼干生坯装入铺有一块不粘油布的烤盘内，静置发酵 50 分钟。将烤盘放入预热好的烤箱中，以上、下火 160℃烤 15 分钟至熟即可。

制作步骤

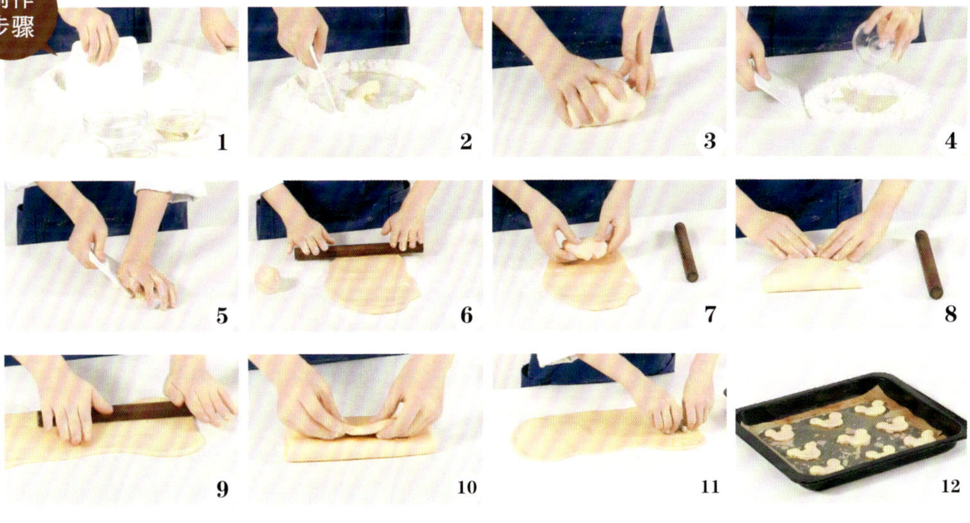

迷你巧克力派曲奇

20~25 分钟

材料

低筋面粉	200 克
黄油	110 克
盐	3 克
细砂糖	3 克
泡打粉	2 克
水	10 毫升
巧克力	适量
全蛋液	适量

做法

1. 往过了筛的低筋面粉、盐、泡打粉、细砂糖中加入软化的黄油，用刮板边切开黄油边搅拌均匀。
2. 把水倒入步骤 1 的材料里，拌匀，制成面团，用保鲜膜包好，放入冰箱冷冻 1 小时。
3. 从冰箱里取出面团，撕去保鲜膜，重叠折起来后，用擀面杖擀开，如此操作重复 3 ~ 4 次；把面团擀成面皮，按一定的间距放上巧克力。
4. 将面皮的一端与没有放巧克力的另一面对折，用迷你曲奇模具以巧克力为中心按压出饼干坯，边缘部分用叉子扎出花纹，将饼干坯放在铺有不粘油布的烤盘上，再刷上全蛋液，放入预热至 180℃的烤箱中，烤 20 ~ 25 分钟即可。

芝麻曲奇球

20~25 分钟

材料

黄油	70 克
低筋面粉	100 克
玉米淀粉	10 克
杏仁粉	15 克
细砂糖	40 克
蛋黄	15 克
泡打粉	2 克
黑芝麻 1	17 克
白芝麻 1	17 克
黑芝麻 2	适量
白芝麻 2	适量
香草油	少许

做法

1. 软化的黄油用电动搅拌器打散，加入细砂糖，拌匀。
2. 加入蛋黄，搅拌均匀。
3. 把加了细砂糖和蛋黄的黄油搅拌到变软滑，滴入几滴香草油，搅拌均匀。
4. 加入过筛后的低筋面粉、泡打粉、玉米淀粉、杏仁粉中，并倒入磨好的黑芝麻 1、白芝麻 1，用勺子搅拌均匀，用手揉搓成团。
5. 把面团分成 15 ~ 17 个小面团，再做成像鸟蛋一样圆圆的样子，放入烤盘。
6. 面团的表面分别均匀地蘸上黑芝麻 2、白芝麻 2，放入预热至 170℃的烤箱中，烤 20 ~ 25 分钟即可。

摩卡双色饼干

20 分钟

材料

原味面团：

低筋面粉	110 克
高筋面粉	100 克
黄油	100 克
全蛋液	40 克
细砂糖	100 克

巧克力面团：

低筋面粉	110 克
高筋面粉	100 克
黄油	110 克
全蛋液	40 克
细砂糖	100 克
可可粉	15 克
巧克力	10 克

做法

1. 把 100 克软化的黄油和 100 克细砂糖倒入备好的玻璃碗中，充分搅拌均匀。
2. 倒入 40 克全蛋液搅拌，接着加入 110 克低筋面粉混合均匀。
3. 加入 100 克高筋面粉，将材料充分拌匀，制成原味面团。
4. 另取碗，倒入 110 克软化的黄油、40 克细砂糖，充分搅拌后倒入 40 克全蛋液，搅拌均匀，加入熔化好的巧克力进行搅拌。
5. 倒入 110 克低筋面粉，搅拌均匀后倒入 100 克高筋面粉充分拌匀，再加入可可粉充分拌匀成巧克力面糊待用。
6. 案台上撒适量面粉（材料外），取出原味面团、巧克力面团，分别搓成若干个长条形。
7. 将两种颜色的长条面团交错堆叠在一起，用刮板修整齐，做成长方体状。
8. 面团用刀切断，摆放在盘中，放入冰箱冷冻 1 小时。
9. 取出冷冻好的面团，用刀将其切成厚约 0.5 厘米的面饼，摆放在铺有烘焙纸的烤盘中。
10. 将烤盘放进预热好的烤箱中，以上火 180℃、下火 150℃烤 20 分钟。
11. 取出摆盘即可。

制作步骤

纽扣饼干

15 分钟

材料

低筋面粉	120 克
盐	1 克
细砂糖	40 克
黄油	65 克
牛奶	35 毫升
香草粉	3 克

制作步骤

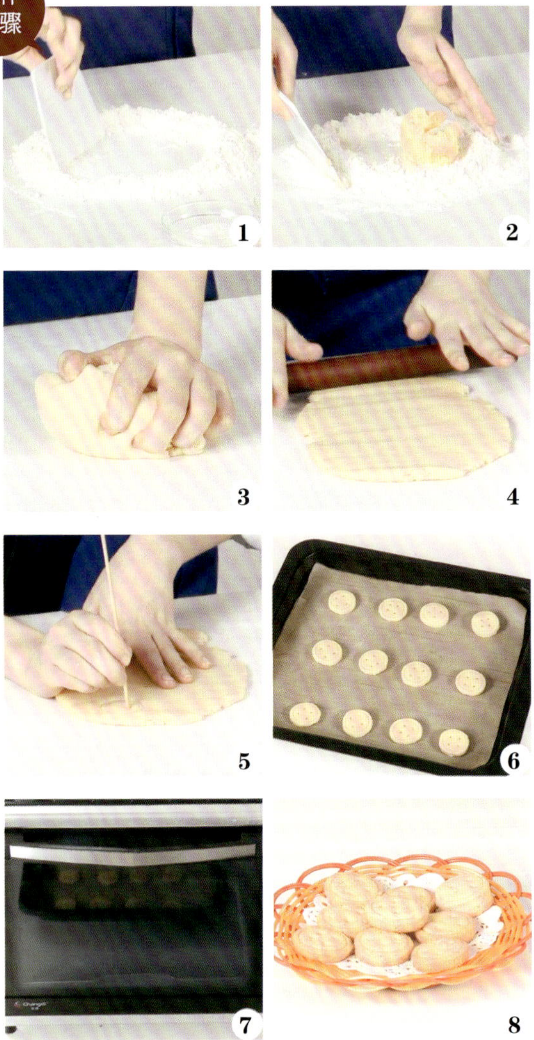

做法

1. 将低筋面粉倒在案板上，撒上盐，倒入香草粉，拌匀后用刮板开窝。
2. 倒入细砂糖，注入牛奶，放入软化的黄油。
3. 慢慢搅拌片刻至材料完全融合在一起，再揉成面团。
4. 用擀面杖把揉好的面团擀薄，制成约 0.3 厘米厚的面皮。
5. 取备好的模具在面皮上压出饼干的形状，再用竹签点上数个小孔，制成数个纽扣饼干生坯。
6. 将饼干生坯装在铺了烘焙纸的烤盘中，摆整齐，待用。
7. 烤箱预热后放入烤盘，以上、下火 160℃烤 15 分钟至熟。
8. 取出烤盘，将烤熟的饼干装在盘中即可。

圣诞树饼干

15 分钟

材料

低筋面粉	120 克
泡打粉	4 克
黄油	40 克
红糖	15 克
蜂蜜	15 克
蛋黄	15 克
糖粉	130 克
蛋清	20 克
绿色食用色素	适量
红色食用色素	适量
糖珠	适量
温水	适量

做法

1. 将软化的黄油、蛋黄、蜂蜜、低筋面粉、泡打粉用电动搅拌器打发成面糊。
2. 红糖加温水拌匀，倒入面糊中，揉成团。
3. 用擀面杖将面团擀成面皮，放上饼干模具，按压，制成饼干生坯，放入烤盘。
4. 将烤盘放入预热好的烤箱，以上、下火 170℃烤 15 分钟。
5. 将蛋清、糖粉用电动搅拌器拌成霜糖，分成两部分，分别加入红、绿食用色素拌匀，并分别装入裱花袋，用剪刀剪出小口；将绿色霜糖填充整个饼干，在上面用红色霜糖画花纹，再撒上糖珠即可。

奶酪饼干

10 分钟

材料

低筋面粉	135 克
鸡蛋	1 个
奶酪	90 克
黄油	70 克
糖粉	20 克
百里香	适量

做法

1. 将软化的黄油倒入玻璃碗中，加入糖粉，用电动搅拌器快速打到发白。
2. 打入鸡蛋，继续打至八分发。
3. 用筛子将低筋面粉过筛至玻璃碗中，打发均匀。
4. 加入奶酪、百里香，打发均匀，制成面糊；用长柄刮刀将面糊刮到操作台上，揉成面团。
5. 用擀面杖将面团擀成片状，放上心形模具，制成饼干生坯，并放入烤盘。
6. 将烤盘放入预热好的烤箱，以上、下火 180℃烤 10 分钟，取出放凉即可。

娃娃饼干

15 分钟

材料

低筋面粉	110 克
黄油	50 克
全蛋液	25 克
糖粉	40 克
盐	2 克
黑巧克力液	130 毫升

做法

1. 把低筋面粉倒在案台上，再用刮板开窝。
2. 倒入糖粉、盐，加入全蛋液，搅匀。
3. 放入软化的黄油，将材料混合均匀，揉搓成光滑的面团。
4. 用擀面杖把面团擀成约 0.5 厘米厚的面皮。
5. 用圆形模具在面皮上压出数个饼坯。
6. 在烤盘铺一层不粘油布，放入饼坯。
7. 将烤盘放入预热好的烤箱，上、下火均调至 170℃，烤 15 分钟至熟。
8. 从烤箱里取出烤好的饼干。
9. 将饼干稍稍放凉。
10. 将饼干的一部分浸入黑巧克力液中，弄出头发的造型。
11. 用竹签蘸上黑巧克力液，在饼干上画出眼睛、鼻子和嘴巴，制成娃娃饼干。
12. 把娃娃饼干装入盘中即可。

制作步骤

心心相印

10 分钟

材料

红梅果酱	10 克
糖粉	75 克
低筋面粉	225 克
黄油	150 克
鸡蛋	1 个
巧克力液	5 克

做法

1. 用电动搅拌器将软化的黄油、糖粉、打散的鸡蛋、低筋面粉打发均匀，取出放到操作台上，揉成团，再搓成条，并用刮板切开。
2. 取一半面团加入巧克力液和匀，用擀面杖擀薄，另一半面团也擀薄。
3. 用大的桃心模具在原色面皮上按压成心形，加入巧克力液的面皮也同样按压成心形，再用小的心形模具从中间按压出小心形，然后将两块面皮叠放一起，摆入烤盘。
4. 将烤盘放入预热好的烤箱，以 170℃烤 10 分钟后取出，在心形中间挤上红梅果酱即可。

卡通苏打饼

15 分钟

材料

酵母	5 克
温水	90 毫升
低筋面粉	150 克
黄油	50 克
全蛋液	40 克
奶粉	10 克
小苏打	1 克

做法

1. 低筋面粉内加入酵母、奶粉、小苏打，混合均匀。
2. 用刮板开窝，加入温水、全蛋液，混合均匀并揉成面团。
3. 放入软化的黄油，充分混合均匀。
4. 用擀面杖将面团擀薄。
5. 用模具压出卡通形状的面皮，放入烤盘，醒发 50 分钟。
6. 将烤盘放入预热好的烤箱， 以上、下火 190℃烤 15 分钟即可。

卡雷特饼干

20 分钟

材料

黄油	75 克
糖粉	40 克
蛋黄	2 个
低筋面粉	95 克
泡打粉	4 克
柠檬皮末	适量

做法

1. 将低筋面粉倒在案台上，用刮板开窝。
2. 倒入泡打粉，刮向粉窝四周。
3. 加入糖粉、1 个蛋黄，用刮板搅散，再加入软化的黄油混合均匀，揉搓成面团。
4. 把柠檬皮末倒在面团上，揉搓均匀。
5. 将面团搓成长条，切成数个小面团。
6. 取模具，放入小面团压实，制成生坯，放在烤盘上。
7. 将 1 个蛋黄打散，刷在生坯上，用叉子在生坯上划上数道条纹。
8. 将烤盘放入预热好的烤箱里，以上火 180℃、下火 150℃烤 20 分钟至熟。
9. 取出饼干，脱模后装入盘中即可。

制作步骤

四色棋格饼干

15 分钟

材料

香草面团：

低筋面粉	150 克
黄油	80 克
糖粉	60 克
蛋清	25 克
香草粒	2 克
蛋黄液	适量

巧克力面团：

低筋面粉	78 克
可可粉	12 克
黄油	48 克
糖粉	36 克
全蛋液	15 克

红曲面团：

低筋面粉	78 克
红曲粉	12 克
黄油	48 克
糖粉	36 克
全蛋液	15 克
蛋黄液	适量

抹茶面团：

低筋面粉	78 克
抹茶粉	12 克
黄油	48 克
糖粉	36 克
全蛋液	15 克

做法

1. 香草面团材料中的低筋面粉加香草粒，开窝，加糖粉、蛋清搅匀，再加软化的黄油混匀，揉成香草面团。
2. 巧克力面团材料中的低筋面粉加可可粉，开窝，加糖粉、全蛋液、软化的黄油，揉成巧克力面团，再用手压成面片。
3. 把做好的香草面团压平，刷上一层蛋黄液，放上压好的巧克力面团。
4. 红曲面团材料中的低筋面粉加红曲粉，开窝，倒入糖粉、全蛋液、软化的黄油，揉成红曲面团；用同样的方式制作抹茶面团。
5. 将红曲面团压平，刷上一层蛋黄液，盖上压好的抹茶面团，压平。
6. 将做好的两种混合面皮用保鲜膜分别裹好，放入冰箱冷冻 1 小时定型。
7. 取出面皮，均切成约 1.5 厘米宽的条状，将切好的四种面皮并在一起，再切成方块，制成饼坯。
8. 在烤盘上铺层不粘油布，放入饼坯，将烤盘放入预热好的烤箱，以上、下火 160℃烤 15 分钟至熟，取出即可。

制作步骤

1

2

3

4

5

6

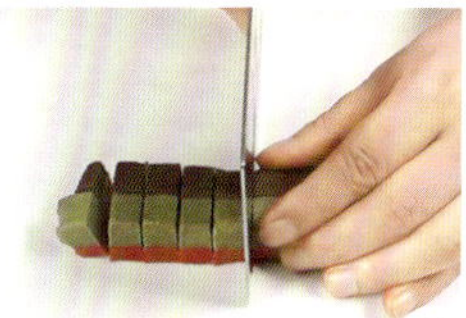
7

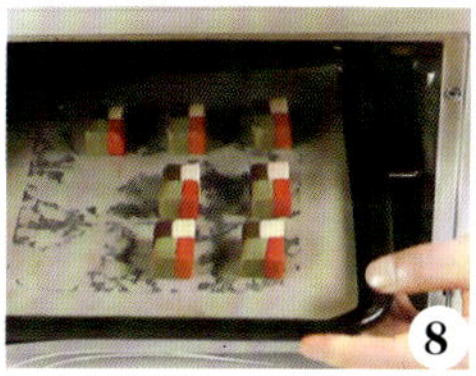
8

果酱花饼

15 分钟

材料

酵母	5 克
温水	90 毫升
盐	3 克
低筋面粉	150 克
小苏打	1 克
黄油	50 克
全蛋液	40 克
奶粉	10 克
草莓果酱	适量

做法

1. 低筋面粉倒在案台上，加入酵母、奶粉、小苏打、盐，混合均匀。
2. 用刮板开窝，加入温水、全蛋液，混合均匀，揉至成面团，放入软化的黄油，混合均匀。
3. 用擀面杖将面皮擀薄，用模具压出花形面皮。
4. 去除多余的面皮，将花形面皮放入烤盘。
5. 用叉子在面皮上戳上小洞，在花心内装饰上草莓果酱，静置发酵 50 分钟。
6. 将烤盘放入预热好的烤箱内，上火调为 200℃，下火调为 190℃，烤 15 分钟即可。

可可饼干

15 分钟

材料

黄油	100 克
可可粉	15 克
糖粉	65 克
低筋面粉	165 克
盐	3 克
白巧克力	适量

做法

1. 低筋面粉与可可粉混合均匀，待用；将软化的黄油倒入玻璃碗中，打散。
2. 加入糖粉，用电动搅拌器打至发白，分次加入低筋面粉与可可粉的混合物，充分搅拌均匀，再加入盐，拌匀。
3. 取适量面团逐一搓圆，放入烤盘中压扁。
4. 将烤盘放入预热好的烤箱内，以上、下火 170℃烤 15 分钟。
5. 取出放凉片刻，蘸上白巧克力，放置凝固即可。

双色巧克力耳朵饼干

15 分钟

材料

糖粉	65 克
低筋面粉	200 克
黄油	130 克
可可粉	8 克

做法

1. 把软化的黄油、糖粉倒在案台上，混匀，筛入低筋面粉拌匀按压，揉成面团。
2. 在面团上撒少许低筋面粉（材料外），揉搓成长条。
3. 用刮板将长条面团对半切开，取一半与可可粉混合均匀，揉搓成长条。
4. 案台上撒些低筋面粉（材料外），将巧克力面团擀成面皮。
5. 将另一面团擀平，放上巧克力面皮，修齐。
6. 将面皮卷成卷，揉搓成长条状，切去两端不平整的部分，再对半切开。
7. 面团用保鲜膜包好，放入冰箱冷冻 30 分钟。
8. 取出面团，切成约 0.5 厘米厚的饼干坯，放入烤盘。
9. 将烤盘放入预热好的烤箱，以上、下火 170℃烤 15 分钟至熟，取出即可。

制作步骤

1

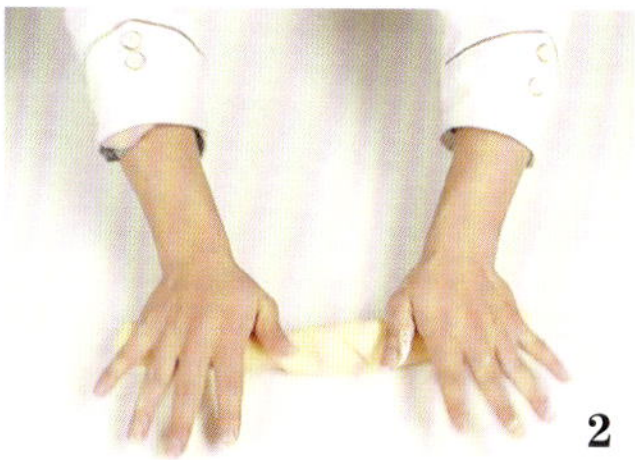
2

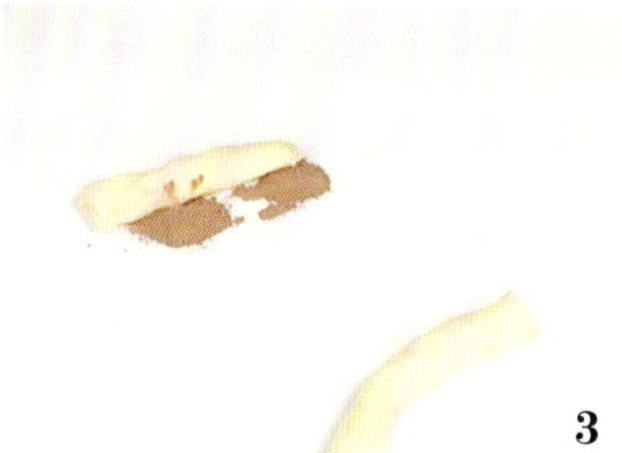
3

4

5

6

7

8

9

巧克力夹心脆

15 分钟

材料

- 低筋面粉 60 克
- 蛋清 40 克
- 糖粉 50 克
- 黄油 50 克
- 可可粉 10 克
- 巧克力酱 适量

做法

1. 低筋面粉与可可粉混合均匀，待用；软化的黄油倒入碗中，加入糖粉，打发至呈乳白色。
2. 加入蛋清，拌匀，加入低筋面粉与可可粉的混合物，混合均匀，装入裱花袋，在袋底剪一个小口，逐一挤入烤盘。
3. 将烤盘放入预热好的烤箱内，上火调为 150℃，下火调为 120℃，烤 15 分钟后取出。
4. 将烤好的饼干取出放凉，取一块内部挤上适量的巧克力酱，再取一块盖上，夹好，依此方法完成剩余的饼干即可。

夹心饼干

20 分钟

材料

细砂糖	60 克
黄油	50 克
低筋面粉	200 克
盐	2 克
巧克力酱	适量
糖粉	65 克
巧克力粉	适量

做法

1. 细砂糖、糖粉、软化的黄油倒入玻璃碗中，用电动搅拌器打发至泛白，加入盐，搅拌均匀。
2. 分次加入低筋面粉，充分揉匀成团，再用刮板将面团分成数个大小均等的小面团。
3. 把巧克力酱装入裱花袋中，用剪刀在袋底剪一个小口，备用；将小面团捏成碗状，挤入巧克力酱，包住，搓成小圆饼状，放入烤盘。
4. 将烤盘放入预热好的烤箱，以上、下火 165℃烤 20 分钟，取出放凉后撒上适量巧克力粉即可。

第七章

香脆可口的薄片饼干

薄片饼干是饼干家族中的特殊一员，它们和其他厚重的成员相比，显得很单薄，但是薄片饼干特有的轻薄香脆，让人赞不绝口，好吃到停不下来。

杏仁薄脆

15 分钟

材料

蛋清	60 克
细砂糖	100 克
黄油	25 克
低筋面粉	60 克
杏仁片	适量

做法

1. 蛋清、细砂糖倒入玻璃碗中，用搅拌棒搅拌均匀，加入低筋面粉，充分搅拌均匀。
2. 黄油隔水加热至完全熔化，倒入面浆内，用搅拌器搅拌均匀。
3. 加入备好的杏仁片，搅拌均匀，将制好的面浆放入冰箱冷藏半小时后取出。
4. 烤盘上铺上锡纸，手上蘸水取适量面浆放在锡纸上，压成薄片。
5. 将烤盘放入预热好的烤箱内，以上火 135℃、下火 140℃烤 15 分钟，取出即可。

花生薄脆

15 分钟

材料

蛋清	60 克
细砂糖	100 克
黄油	25 克
低筋面粉	60 克
花生仁碎	适量

做法

1. 蛋清、细砂糖倒入玻璃碗中，用搅拌棒搅拌均匀，加入低筋面粉，充分搅拌均匀。
2. 黄油隔水加热至完全熔化，倒入面浆内，用搅拌器搅拌均匀。
3. 加入备好的花生仁碎，搅拌均匀，将制好的面浆放入冰箱冷藏半小时后取出。
4. 烤盘上铺上锡纸，手上蘸水取适量面浆放在锡纸上，压成薄片。
5. 将烤盘放入预热好的烤箱内，以上火 135℃、下火 140℃烤 15 分钟，取出饼干装盘即可。

芝麻薄脆

10 分钟

材料

低筋面粉	20 克
糖粉	60 克
黄油	25 克
蛋清	100 克
白芝麻	25 克
黑芝麻	10 克

做法

1. 依次将低筋面粉、糖粉过筛至玻璃碗中。
2. 倒入蛋清、隔水加热至完全熔化的黄油，用电动搅拌器搅拌均匀。
3. 加入白芝麻、黑芝麻，用长柄刮刀拌匀，放入冰箱冷藏半小时后取出。
4. 用勺子将冷藏过的面糊倒在铺有锡纸的烤盘上，摊平。
5. 将烤箱温度调成上火 180℃、下火 140℃，预热烤箱。
6. 把烤盘放入预热好的烤箱，烤 10 分钟至熟。
7. 从烤箱内取出烤盘，放凉即可。

制作步骤

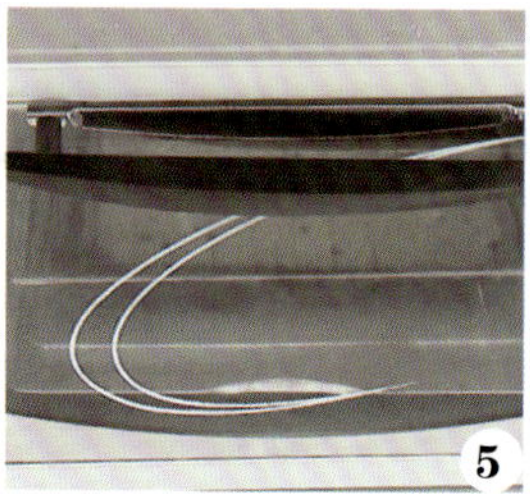

南瓜子仁薄片

8 分钟

材料

低筋面粉	35 克
南瓜子仁	30 克
鸡蛋	1 个
细砂糖	30 克
色拉油	10 毫升

做法

1. 取一个玻璃碗，倒入低筋面粉、色拉油、打散的鸡蛋、细砂糖，用搅拌器搅匀。
2. 加入南瓜子仁，搅拌均匀，制成浆汁。
3. 用勺子舀上适量浆汁，倒在铺有不粘油布的烤盘中，制成数个薄片生坯。
4. 将烤盘放入预热好的烤箱，上、下火均调至 170℃，烤 8 分钟至熟。
5. 取出烤好的南瓜子仁薄片，装入盘中即可。

芝麻瓦片

 15 分钟

材料

蛋清	60 克
细砂糖	100 克
黄油	25 克
低筋面粉	60 克
芝麻	适量

做法

1. 蛋清、细砂糖倒入玻璃碗中，用搅拌器搅拌均匀，加入低筋面粉，充分搅拌均匀制成面浆。
2. 黄油隔水加热至完全熔化，倒入面浆内，搅拌均匀。
3. 加入备好的芝麻，搅拌均匀；将制好的面浆放入冰箱冷藏半小时后取出。
4. 烤盘内铺上锡纸，手上蘸水取适量面浆放在锡纸上，压成薄片。
5. 将烤盘放入预热好的烤箱内，上火调为 135℃，下火调为 140℃，烤 15 分钟即可。

蛋白薄脆饼

15 分钟

材料

低筋面粉	200 克
黄油	125 克
糖粉	200 克
蛋清	150 克

制作步骤

做法

1. 取一玻璃碗，倒入糖粉、软化的黄油，用电动搅拌器打发至材料呈乳白色。
2. 分两次加入蛋清搅拌均匀。
3. 倒入低筋面粉，稍搅拌一下。
4. 用电动搅拌器搅拌均匀至呈淡白色。
5. 用长柄刮刀将拌好的浆料填入裱花袋里，用剪刀在裱花袋尖端剪一个大小适中的孔。
6. 烤盘中垫上一块不粘油布，挤上多个大小均等的饼坯。
7. 将烤盘放入预热好的烤箱中，以上、下火 170℃的温度烤 15 分钟至熟。
8. 取出烤盘即可。

亚麻籽瓦片脆

15~20 分钟

材料

低筋面粉	25 克
黄油	10 克
糖粉	25 克
鸡蛋	1 个
亚麻籽	60 克
盐	适量

做法

1. 取一个玻璃碗，将鸡蛋打入碗中，加入盐，用手动搅拌器把鸡蛋打散。
2. 倒入糖粉，继续将材料搅拌均匀。
3. 倒入隔水加热至完全熔化的黄油，搅拌均匀。
4. 加入亚麻籽和低筋面粉，一起搅拌均匀。
5. 用长柄刮刀把面糊装入套着裱花嘴的裱花袋中，用剪刀在在裱花袋上剪一个小口。
6. 将面糊挤在铺有烘焙纸的烤盘上。
7. 把烤盘放入预热好的烤箱，以上火 180℃、下火 150℃烤 15 ~ 20 分钟，至饼干表面变成金黄色即可。

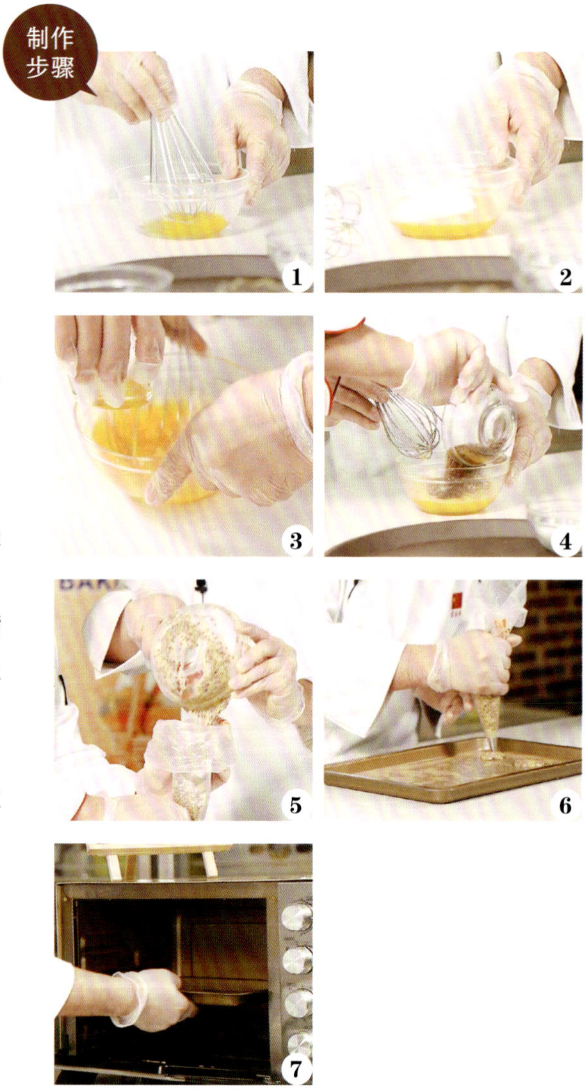

杏仁瓦片

10 分钟

材料

黄油	40 克
鸡蛋	1 个
低筋面粉	50 克
杏仁片	180 克
细砂糖	110 克
蛋清	100 克

做法

1. 将黄油放入玻璃碗中，放入锅中隔水加热至完全熔化，待用。
2. 依次将蛋清、打散的鸡蛋、细砂糖倒入另一玻璃碗里，用电动搅拌器拌匀。
3. 加入熔化的黄油，拌匀。
4. 倒入低筋面粉，快速搅拌均匀。
5. 倒入杏仁片，用三角铁板搅拌均匀，静置 3 分钟。
6. 取铺有锡纸的烤盘，倒入杏仁糊，压平。
7. 将烤箱温度调成上、下火都为 170℃。
8. 将烤盘放入预热好的烤箱中，烤 10 分钟。
9. 取出烤盘，放凉即可。